うかる！

基本情報技術者
科目B
セキュリティ編

著

JN026553

2024年版

日本経済新聞出版

はじめに

基本情報技術者試験は2020年12月からCBT（Computer Based Testing）方式で試験が行われるようになりました。

CBTの開始自体はとてもよかったと思うのですが、感染症対策としての導入だったので急ごしらえの感は否めませんでした。せっかく紙の試験がCBTになったのですから、いつでも受験できる利便性や、項目応答理論（IRT）による、より公平な評価なども行えるはずでしたが、これらには対応していなかったのです。

2023年4月の基本情報技術者試験リニューアルでは、こうした要目が満を持して実装されました。受験者は時間に縛られず受験の機会を得ることができ、自分の力量もより正確に測ってもらえるようになったわけです。

特に科目B試験（旧午後試験）の変更が大きく、出題範囲にも手が加えられました。具体的な言語（JavaやPythonなど）で問われていたプログラミング関連知識は、プログラミング的思考を問う疑似言語による出題に換えられ、これに伴い、科目B試験の出題の軸は、「情報セキュリティ」と「データ構造及びアルゴリズム（疑似言語）」になりました。

建て付けとしてはリニューアル前の難易度を維持しているのですが、初学者にとって取っつきやすい試験へと生まれ変わったことは間違いないでしょう。IRTによる評価も相まって、努力がちゃんと点数に反映される度合いが強くなったと言えます。

科目B試験では、セキュリティ分野から4問が出題されますが、コンパクトかつ実践的で、実務にもきちんと即した内容になっています。

試験を受けるときに一番こわいのは、投じた努力や時間、お金がちゃんと報われないことです。そんな目には誰も遭いたくありません。基本情報技術者試験は、これを心配しなくてすむのが最大のメリットだと思います。仕事に役立つ内容が、公平な試験で試されます。安心して勉強して、合格を勝ち取ってください。本書は試験範囲のなかでセキュリティに特化したテキストですが、少しでも皆さまの試験対策のお役に立てば幸いです。

2024年1月

岡嶋裕史

CONTENTS

第 0 章　セキュリティとは何か？

第 1 章　セキュリティの基本

第 2 章 | セキュリティ管理

第3章　セキュリティ技術評価

第4章　セキュリティ対策

CONTENTS

第 5 章　セキュリティ実装技術

第 6 章　サンプル問題・過去問に挑戦！

第7章 | 補講

本書は「低空飛行型合格対策書籍」です。最小の努力で合格水準をクリアすること
を目指して、必要な知識とテクニックをまとめました。

本書はIPA発表の試験要綱Ver.5.0、シラバスVer.8.0に基づいて制作しています。
本書内では「情報セキュリティ」を「セキュリティ」と略している箇所があります。

CONTENTS

試験の概要

　基本情報技術者試験は、経済産業省が認定する国家試験「情報処理技術者試験」のひとつです。「特定の製品やソフトウェアに関する試験ではなく、情報技術の背景として知るべき原理や基礎となる知識・技能について、幅広く総合的に評価」するもので、ソフトウェア開発に携わる人はもちろん、コンピュータやネットワークの知識を身に付けたいという人に役立つ試験です。

　試験は、試験会場に設置されたコンピュータを使用して回答するCBT (Computer Based Testing) 方式で行われます。これまでは4月と10月の第3日曜日に試験が行われていましたが、受験者が自分で試験の日時や試験場を選択できるようになりました。

　試験は科目A・科目Bの2部構成となっており、双方6割以上の得点で合格となります。入門的な試験とはいえ、はじめて情報処理を学ぶ人にとっては難しい試験です。

試験区分	科目A試験 90分	科目B試験 100分
出題形式	多肢選択式	多肢選択式
出題数と解答数※	出題数 60問 解答数 60問	出題数 20問 解答数 20問
出題分野	テクノロジ系 マネジメント系 ストラテジ系 詳細は別表参照	別表参照
合格基準	60%以上	60%以上
受験手数料	7,500円 (税込み)	
試験機関	独立行政法人 情報処理推進機構 (IPA) 情報処理技術者試験センター 〒113-8663 東京都文京区本駒込2-28-8 文京グリーンコートセンターオフィス15階 電話 03-5978-7600　FAX 03-5978-7610	
ホームページ	https://www.jitec.ipa.go.jp/	

※科目A出題数60問のうち、評価は56問で行い、残りの4問は今後出題する問題を評価するために使われます。科目B出題数20問 (アルゴリズム16問、情報セキュリティ4問) のうち、評価は19問で行い、残りの1問は今後出題する問題を評価するために使われます。

科目Ａ試験の出題範囲

分野	大分類	中分類
テクノロジ系	基礎理論	基礎理論 アルゴリズムとプログラミング
	コンピュータシステム	コンピュータ構成要素 システム構成要素 ソフトウェア ハードウェア
	技術要素	ヒューマンインターフェース マルチメディア データベース ネットワーク セキュリティ
	開発技術	システム開発技術 ソフトウェア開発管理技術
マネジメント系	プロジェクトマネジメント	プロジェクトマネジメント
	サービスマネジメント	サービスマネジメント システム監査
ストラテジ系	システム戦略	システム戦略 システム企画
	経営戦略	経営戦略マネジメント 技術戦略マネジメント ビジネスインダストリ
	企業と法務	企業活動 法務

科目B試験の出題範囲

分野	分類
プログラミング全般に関すること	実装するプログラミングの要求仕様（入出力、処理、データ構造、アルゴリズムほか）の把握、使用するプログラム言語の仕様に基づくプログラムの実装、既存のプログラムの解読及び変更、処理の流れや変数の変化の想定、プログラムのテスト、処理の誤りの特定（デバッグ）及び修正方法の検討など
プログラムの処理の実装に関すること	型、変数、配列、代入、算術演算、比較演算、論理演算、選択処理、繰返し処理、手続・関数の呼出しなど
データ構造及びアルゴリズムに関すること	再帰、スタック、キュー、木構造、グラフ、連結リスト、整列、文字列処理など
情報セキュリティの確保に関すること	情報セキュリティ要求事項の提示（物理的及び環境的セキュリティ、技術的及び運用のセキュリティ）、マルウェアからの保護、バックアップ、ログ取得及び監視、情報の転送における 情報セキュリティの維持、脆弱性管理、利用者アクセスの管理、運用状況の点検 など

※プログラム言語について、基本情報技術者試験では「擬似言語」が使われます

登場人物紹介

基子（もとこ）
文系の学生。IT系の会社に内定している。プログラムの経験は無い。オンライン対戦ゲームで勝てないのが最近の悩み。

オカジマ先生
情報処理試験対策やネットワーク，情報セキュリティを教えている先生。趣味はeスポーツ。何事も低空飛行がいちばん。

情報処理技術者試験における基本情報技術者試験の位置付け

IT を利活用する人		情報処理技術者									
ITの安全な利活用を推進する者		高度	ITストラテジスト試験	システムアーキテクト試験	プロジェクトマネージャ試験	ネットワークスペシャリスト試験	データベーススペシャリスト試験	エンベデッドシステムスペシャリスト試験	ITサービスマネージャ試験	システム監査技術者試験	情報処理安全確保支援士試験
基本的知識・技能	情報セキュリティマネジメント試験										
全ての社会人		応用	応用情報技術者試験								
共通的知識	ITパスポート試験	基本	基本情報技術者試験								

※試験要綱などをもとに作成

第 0 章

セキュリティとは何か？

セキュリティとは

実は幅が広いのです

リスク＝危険と押さえておこう

基本情報技術者 科目B・セキュリティ編の開幕です！

またニッチなところを狙ってきましたねぇ。

しょうがないです。王道の対策本は偉い先生が書かれていますから。私に残された市場はいつもニッチになるんです。自分の人生のようです。

あー、そういう自嘲いらないんで。
さくっとセキュリティの勉強しましょうよ。

そもそも、**セキュリティ**って何かって話ですよね。セキュリティというと、空港で銃やペットボトルに目を光らせてるガタイのいいお兄さんたちのこともセキュリティって言ったりしますね。

情報処理技術者試験だから、ああいうんじゃなくて、
ハッカーと戦ったりするんですよね？

◢ セキュリティのイメージ

むしろ、空港のセキュリティのほうをイメージしておいたほうがいいかもしれません。情報セキュリティの定義はこうです。

◤ 情報セキュリティの定義

> 情報資産を脅威から守り、安全に経営を行うための活動全般

知らない言葉が出てきました。

身近に感じられなかったら、これでもいいです。

◤ 情報セキュリティの定義やさしめ

> 大事なものを危険なことから守り、安全に仕事をし続けるためのあれやこれや

「仕事」は「生活」に置き換えてもいいですよ。

これだと、そうとう幅が広くないですか？

そうです！　幅の広い活動なんですよ、情報セキュリティって。
でも、「情報」と枕詞がついているので、つい華々しくハッカーと戦ったり、不正侵入を妨げるためにファイアウォールを立てたりといった取り組みを想像してしまいます。
そういう一面もあるのですが、視野が狭くなってしまって、思わぬ盲点を作ってしまう可能性があります。
たとえば、災害対策もセキュリティの仲間なんですよ。

えー。イメージと違う。

そうなんですけど、身のまわりに火種がたくさんあったり、雨が降るとすぐ浸水する部屋だと、安心して仕事ができないじゃないですか。

　同じように、データのバックアップを取って安心したり、パソコンが壊れたときのために予備機を用意しておくのもセキュリティ対策です。

　ポイントとしては、対になる言葉としての**リスク**を覚えておきましょう。

　リスクも突き詰めると難しい用語なんです。分野によっては、予測不能性の意味で使うんです。予想外に悪いことが起こるのはもちろん、予想外に良いことが起こるのもリスクになります。

　予定通りに進まないという意味では一理あるんですが、話がややこしくなるのと過去問の出題状況からいって、試験対策としては**リスク＝危険**でいいと思います。すると、セキュリティの対置概念になります。シーソーの関係です。

◤ セキュリティとリスクのイメージ

　すると、「セキュリティを高める＝リスクを減らす」になります。これを利用して、「リスクを減らすことでセキュリティ対策をする」と発想します。

　えっ、めんどくさい。なんでわざわざそんなことするんですか？
　素直に「セキュリティがんばる！」でいいじゃないですか。

　セキュリティってイメージしにくいんですよ。たとえば、保育園や幼稚園に通っている子に「園まで安全に登園しようね」と約束しても、うまく約束を守れないと思うんです。「安全な登園」がそもそも何なのかわからないじゃないですか。

　それに対して、リスクはわかりやすいんです。

◢ 登園時のリスクの例

- ・ 車が飛び出してくる
- ・ おっかない犬がいる
- ・ 急に雨が降り出すかもしれない
- ・ 間違えそうな分かれ道がある
- ・ 開かずの踏切
- ・ 青の時間が短い横断歩道

　これだったら小さな子でも想像しやすいです。で、「横断歩道では手をあげて渡ろうね」でリスクを低減することができます。リスクはセキュリティと対になる言葉ですから、リスクを下げると、結果的にセキュリティが上がることになります。

 ははぁ。そんなふうに考えるんですか。

　最初はちょっと馴染みにくいかもしれませんが、科目Bのシナリオ問題もこの考え方に基づいて作られていますから、慣れる必要がありますね。

　他試験の問題で人気のP部長もQ主任も、「よーし、ばりばりセキュリティを上げてくぞ！」とは言い出さないんですよ。たくさんあるリスクを漏れなく見つけて、それを削り取っていく話ばかりしています。

 リスクを見つけて、それを除去することが大事なんですね。

　セキュリティ対策はそれがすべてだと思ってください。問題文を読み解くときに、「この記述のどこがリスクになるんだろう？」って自然に発想できるようになれば、得点力がぐっと上がります。

セキュリティの基本

第 **1** 章

情報の機密性・完全性・可用性

▶▶ イメージしにくいのが可用性

情報セキュリティの3要素

情報のCIAというやつですよ。

> えっ、何か悪いことをしたなら早めに自首した方がいいですよ。
> 講座は私が引き継ぎますから。

　アメリカの中央情報局の話じゃないよ！　**情報セキュリティの3要素**です。情報
セキュリティって雲をつかむようで何をしたらいいのかわからないから、3つの要
素に分解したのがCIAです。

▨ 情報セキュリティの3要素ざっくり

- **C：Confidentiality**の略で「機密性」
- **I：Integrity**の略で「完全性」
- **A：Availability**の略で「可用性」

機密性は権利のある人だけが、コンピュータやデータを使えることです。

> パスワードで本人確認したりするのは、権利のない人にメールを
> 読まれたりしないためですもんね。これはわかります。完全性は？

完全性は情報が完全で正確であることです。ぼくが借金をしたとして……

> お金に困ってるんですか？

　最近のガチャは渋くて……いや、それはいいじゃん！　とにかく、1万円借りた
はずが、100万円借りたことにされたら、ガチャどころじゃなくなります。完全性
は大事なんです。せっかく書き上げたレポートが一部欠損したりしても、安心して

仕事や勉強ができないですよね。セキュリティのためには、完全性は是非とも必要です。

次の可用性は、使いたいときにいつでも使えることです。

えっ？　それってセキュリティと関係あるんですか？

関係しますよ。セキュリティは大事なものを守って、安全に仕事を進めるための取り組みですから。使いたいときに使えなかったら仕事が止まっちゃいます。ひょっとしたら、これまでに培ってきた「セキュリティ」のイメージとは違うかもしれませんが、ここは慣れていきましょう。

◢ 情報セキュリティの3要素の確認

要素	意味	低下する要因
機密性（Confidentiality）	権利のある人だけが使える	権限がありすぎる、見直しを怠る
完全性（Integrity）	情報が完全で正確である	故障、改ざん
可用性（Availability）	使いたいときにいつでも使える	故障、保守性が悪いつくり

情報セキュリティって、ハッカーと戦ったりするものだと思ってました。

それももちろん大事な要素なんですが、機器が故障しないように予防したり、災害が起こったときにも仕事が続けられるように、組織や規程を作ったりすることもセキュリティ対策なんです。

本試験ではこの観点からも出題されますから、気をつけて頭の中に知識を蓄積していきましょう。

ちなみに、JIS Q 27000で情報セキュリティの用語が定義されているのですが、情報セキュリティの3要素に次の4つを加えることもあるよ、と書かれています。ぜんぶ含めると7要素ですね。

◢ 情報セキュリティの残り4要素

真正性	:	なりすましができないこと
責任追跡性	:	利用した記録が残ること
否認防止	:	事象を誰が引き起こしたのか特定できること
信頼性	:	システムが意図したとおりに動くこと

 また増えちゃったよ。

　システムが大きく複雑になると、安心して仕事をするために必要な要素は増えます。このようにセキュリティの考え方や実現方法は常に更新されているので、もう覚えてる！　と思う箇所でも、定期的に新しいテキストや情報に触れてみてくださいね。

LESSON 02

情報資産

▶▶ 誰にでも大事なものはあります

守るべきものを洗い出す

　情報セキュリティとは、大事なものを守って安全に仕事をしたり暮らしたりすることでした。この「大事なもの」に相当するのが**情報資産**です。守るものをもっと大きく捉えるときは経営資源と言ったりします。本試験では情報資産とされることが多いですね。

> そもそも何を守ったらいいのか、よくわかりません。

　そう！　ほんとそれ！　たいてい、なに守ったらいいのかわかんないんです。だから、**情報資産台帳**を作るのが情報セキュリティの第一歩なんて言われます。自社にどんな「大事なもの」があるかを明らかにするんです。

> 大学の研究室なんて、何がどこにあるのかわからないとこ多いイメージです。

　何か盗まれても、そもそも気がつきません。そうなんです、何がいくつあるかを把握して、変動があるたびに更新し続けることはとっても大事です。

> さすがにそれは大丈夫なのでは？　各部屋を回って、「パソコンがいくつあるか」とか数えていけばリストアップできますよ。

　目に見えるものはそれでいいんですけど、データは目に見えないのでやっかいです。何かどこにあるのか、すべてを管理できていると断言できる企業の方が少ないかもしれません。でも、それができないと守りようがないんですよ。

　「個人情報を守るぞ！」と言っても、どんな個人情報をどこにしまったかわからないと、努力が空回りします。
　じゃあ、しらみつぶしに個人情報を探すぞ！　と頑張ったら、お客さんの個人情

報は見つけて守ったけれども、従業員の個人情報をうっかりして漏洩したり、そこを踏み台に会社を攻撃されたりといった事例もあります。

「情報」セキュリティという言葉に惑わされて、紙の書類や現金を対象に含めていなかったなんてこともありますから、「大事なもの」のリストアップは重要です。

 うへー、台帳づくりだけでしんどくなってきました。

実務だとそうですね、ただ本試験では台帳を作らせるような問題はでないので大丈夫です。「漏れはないかな？」という視点が保てればOKです。

 漏れそうなものってありますか？

目に見えないものや情報っぽくないものは、つい見落としてしまいます。試験ではこんな感じのものが狙われますね。

■ 「見落としがちな」情報資産の例

- 会社の信用
- ブランド
- 紙の書類
- 従業員の個人情報

空間や時間での情報資産の移り変わりにも注意が必要です。情報資産台帳を春に本社で作りました、といったときに、夏にならないと発生しない情報や、地方の事業所にだけある資産などを取りこぼさないようにしないといけません。

 ああ、それはきっと漏らしてしまいそうです。

そうなんですよ、一発ですべてを網羅するのは難しいので、管理のしくみであるマネジメントシステムを作って何度も何度も繰り返すんです。「網羅」や「マネジメントシステム」は情報セキュリティのキーワードとして重要です。

LESSON 03 脅威

脅威にもいろいろあります

驚異の分類

　情報資産を脅かす可能性のあるものを、**脅威**といいます。情報セキュリティの難しさの一つに、「情報資産ごとに脅威が違う」点があります。

> どういうことですか？

　たとえば、泥棒は脅威なんですけど、むしろ脅威が泥棒だけなら対策しやすいんです。泥棒にだけ気をつけていればいいので。でも、現実にはそうではないですよね。社屋は持って歩けないので、泥棒に盗まれる心配はあんまりないですが、火事は怖いです。

> なるほど。資産ごとに1つ1つ脅威を確認しないといけないんですね？
> それは確かに面倒そうです。ところで、火事も脅威なんですか？

　そうです。紙の書類が燃えちゃったら、「安心して仕事に取り組む」ことはできないですよね。だから、火事や洪水などの自然災害も、りっぱな脅威になります。盲点になりがちですが、セキュリティ対策の対象ですよ。

> 他にも見落としがちなことってありますか？

　技術の進歩や時間の経過で脅威や対策が変わることがあります。たとえば、警備員さんを配置することは現金を盗む泥棒には効果があります。巨額の現金はかさばるので、発見できます。

　でも、情報が現金以上の価値を持ち、さらにその情報を小さなUSBメモリに入れられるようになると、警備員さんの目視チェックでは持ち出しを見つけられないかもしれません。さらに言えば、情報を盗むならネットワーク越しに持ち出す方が簡単です。

一口に泥棒と言っても、いろいろあるということですね。

　漏れなく脅威を見つけるために、物理的脅威、技術的脅威、人的脅威のように分類することがあります。

◪ 物理的脅威

脅威	対策
火災	防火壁、スプリンクラー、消火器、可燃物の撤去
地震	免震構造社屋、データの遠隔地保存、バックアップサイト、コンティンジェンシー計画（緊急時対応計画）
落雷・停電	避雷針、UPS、自家発電装置、予備電源
物理的破壊、盗難	警備員、入退室管理、外壁や窓の破壊対策、MDM（Mobile Device Management）
過失による機器・データの破壊	バックアップ、ジャーナル、フールプルーフ
機器の故障	冗長化、予防保守、機器のライフサイクル管理

◪ 技術的脅威

脅威	対策
不正アクセス	認証、ログの取得と監査
盗難	暗号化
マルウェア	マルウェア対策ソフト、シグネチャの自動更新、セキュリティパッチの迅速な適用
バグ	ソフトウエアライフサイクル管理、品質管理基準の策定

◪ 人的脅威

脅威	対策
ミス	最小権限原則、フールプルーフ
内部犯	最小権限原則、要員の相互監視、利用者アクセスの管理と監査
サボタージュ	セキュリティ教育、罰則規定

　物理的脅威は自然災害や盗難といったもので、遠隔地バックアップや入退室管理

などで対策します。技術的脅威には不正アクセスやマルウェア、盗聴があり、セキュリティ技術で対策します。人的脅威はミスによるデータの破壊や流出、内部犯などで、**最小権限原則**、**フールプルーフ**（ミスをしてもダメージが出ないしくみ）、セキュリティ教育で対策します。

　内部犯は最も対策しづらい脅威かもしれません。身内に裏切り者がいるわけです。ハッカーなどの攻撃者に対応するためには情報資産を使う権限をわたさないのが基本ですが、内部犯は社員などの組織構成員なのでそういうわけにいきません。
　そこで、外部・内部といった考えを廃した**ゼロトラスト**（誰も信用しない）などのセキュリティモデルが出てくるわけです。

　また、最小権限原則も有名な考え方です。人は必要以上の権限を持つと不正をしがちなので、業務に必要な最小限の権限を与えるようにします。パソコンを管理者権限で使わない方がいい、というのは最小権限原則の発想です。
　「ディスクの内容を全部消す」といった間違った命令は、一般利用者では権限がなくて実行できませんが、管理者のアカウントでログインしているとできてしまうからです。

脆弱性

脆弱性の範囲

　脆弱性は、脅威に対して弱点になってしまうもののことです。概ね、「〜がない」という形で表すことができます。

　たとえば、泥棒という脅威に対して、「鍵のかかるドアがない」は脆弱性になります。火事に対して、「消火器がない」のも脆弱性です。

> これはわかりやすい気がします。
> 脅威につけこまれそうなものを考えればいいんですね？

　そうなんですが、ちゃんと網羅しようと思うと結構難しいんです。たとえば、泥棒に対して鍵のかけ忘れは脆弱性ですが、それで終わりではなく、警備員がいないことも、十分な照明がないことも、状況によっては脆弱性になります。

　また、ここでも空間と時間の広がりを考えることが重要になってきます。大昔であれば、ファイルを暗号化せずに取り扱うことはさほどの脆弱性ではありませんでした。

　しかし、インターネットが社会のインフラになり、クラウドストレージなどが当たり前になってくると、大きな脆弱性になります。いま、脆弱性がないか、常に考え続けることが大事なんです。

　従来の要員であれば何ら脆弱性でなかったことが、慣れない新入社員を迎えた時期に脆弱性になることや、平日は問題ないことが、休日には脆弱性になったりします。

> まためんどくさいやつだ！

　そうなんですよ。で、めんどくさかったり、盲点になりそうなところは出題者の大好物ですから、「こんなところも脆弱性になりますよ〜」という形で攻めてきます。

　脆弱性の網羅も、脅威にあわせて物理的脆弱性、技術的脆弱性、人的脆弱性のように分類して考えたり、平日の脆弱性、週末の脆弱性のように時間を追って考えた

りしていきます。

▰ 物理的脆弱性

分類	原因	対策
耐震・耐火構造の不備	情報資産全般が対象	耐震・耐火構造、消火器、可燃物の撤去
ファシリティの不備	協力会社や顧客が多い業務でリスク増	入退室管理
故障対策の不備	情報資産の重要度増。意図しないSPOF（Single Point Of Fuilure：単一障害点、「そこが壊れると、全体が止まる」という箇所）の発生	冗長化、予防保守
紛失対策の不備	モバイル機器、ノマドワークの増加	MDM、認証、暗号化

▰ 技術的脆弱性

分類	原因	対策
アクセス管理の不備	働き方の多様化で管理が複雑化	最小権限原則、相互監視、ファイアウォール
マルウェア対策の不備	種類も数も増大	セキュリティ対策ソフト
セキュリティホール	システム複雑化に伴い増大、エクスプロイトの売買	セキュリティパッチの迅速な適用
テストの不備	システム複雑化に伴いテストケースの漏れなど増加	システム監査、システム部門と業務部門の連携強化

▰ 人的脆弱性

分類	原因	対策
組織管理の不備	組織の多様化、人的資源の流動化	最小権限原則、罰則規定、経営層のコミット
ヒューマンエラー	システムの複雑化、人員の削減・流動化、研修期間の短縮	フールプルーフ、最小権限原則、相互監視、人間工学デザイン
状況的犯罪予防	犯罪をしにくい環境の構築	監視カメラ、ログ監視
不正のトライアングル	機会、動機、正当化	機会はなく、正当化もできないと示す

ポイントはありますか？

物理的脆弱性は紛失対策の不備や、入退室管理の不備など、働き方の変化で状況が変わっている点に着目します。モバイル機器を持ち歩く生活になって盗難や紛失の脅威は増えています。

技術的脆弱性はシステム構成の複雑化やインターネットのインフラ化、攻撃技術の進歩やハッカーの職業化を踏まえて考えましょう。

人的脆弱性はうっかりミスや組織管理の不備などから生まれやすくなります。人的脆弱性では不正のトライアングルを覚えておきたいです。

トライアングルですか？　鳴らすんですか？

楽器じゃないやつですよ。機会（ドーナツがあり、人目がない）と動機（おなかが空いた）と正当化（たくさん働いたあとだから、自分には食べる権利がある）の3つが揃うと、人は不正をしやすくなるという理屈です。

機会か、動機か、正当化か、どれでもいいので1つを消去することによって、不正が起こりにくい状況を構築するわけです。

リスク

> 危険がいっぱい

リスクの定義

リスクは危険のことです。少なくとも、基本情報技術者の水準ではそう覚えてしまって問題ありません。

> 危険じゃないリスクってあるんですか？

不確実性をリスクと考えることがあります。その場合、思いがけず訪れた素晴らしいチャンスなんかもリスクです。でも、本試験では除外して構いません。

本試験で覚えておきたいのは、リスクが発生するメカニズムです。**情報資産＋脅威＋脆弱性＝リスク**になります。

> 脅威と脆弱性がリスクのもとになるのはわかります。
> でも、情報資産がリスクなんですか？　大事なものですよね。

たとえばですけど、大事なものをたくさん持っている人は、持っていない人よりも泥棒に狙われやすいですよね。

> ああ、そういう……

はい、情報資産をたくさん持っているのは一見いいことなのですが、必要のない情報資産を抱えていることはリスクに直結します。いらない個人情報なんかを大量に抱えていたら、漏洩リスクにびくびくしないといけません。

> なるほど、あればいいというものではないのですね。

リスクは小さくしないといけないので、減らし方を覚えましょう。情報資産か脅

第1章 セキュリティの基本

威か脆弱性か、どれか1つをなくしてあげます。たいてい、脆弱性です。

1つでいいんですか？

　全部なくせれば理想的ですが、なかなかそうはいきません。そして、1つなくすなら脆弱性が一番やりやすいです。

　お金があるとあぶないと言って全部寄附したら仕事が続けられませんし、泥棒を社会から根絶するといっても無理でしょう。でも、「鍵のかけ忘れ」は自分の努力でなんとかなりそうです。

　情報資産、脅威、脆弱性が全部揃うと「リスクの顕在化」が起こる可能性が非常に高くなります。可能性であったリスクが現実のものになってしまうのです。そこで顕在化させないように脆弱性をなくすのがセキュリティ対策です。

　ここで重要なのが、リスクゼロを目指さないことです。

あ、それはわかります。きっとゼロにはできないですし、お金もかかってしまうからですね。

　その通りです。無理にゼロにしようとすると、他のリスクを発生させてしまうことすらあります。そこで、**受容水準**を決めます。

　これは、ここまでリスクが下げられれば、仕事をする上で問題ないというラインです。どのくらいのリスクを負えるかは業界や会社ごとに違うので、経営者が責任を持って定めることが大事なんです。

　違う言い方をすれば、セキュリティ対策とはいろいろあるリスクを見つけて、もし受容水準を超えているリスクがあれば、あの手この手で受容水準内に収めようとする活動です。

　ですから、大きく受容水準を超えているリスクから着手するなど、対策の優先順位を検討することも必要です。

結果的に全部受容水準内だったってこともあるわけですね。

　そうですけど、偶然そうだったのと、わかった上で受容水準内だから放っておくのでは意味が全然違います。リスクの調査と対策はちゃんとやらないといけません。

LESSON 06 攻撃者の種類・動機

▶▶ 敵を知る

攻撃者にも種類がある

　この節以降では、攻撃者の種類や動機、また攻撃者が使う攻撃技術について見ていきましょう。

攻撃者に種類ってあるんですか？

　あるんですよ、種類によって動機も気をつけることも違うので、覚えておきましょう。まずは**ハッカー**です。もともとは技術に詳しい人を指す用語で、善悪に関してはニュートラルです。知的好奇心を満たすために、ハードウェアやソフトウェアを技術的に切り刻むことからハッカーと呼ばれます。

　もちろん、詳しければその知識を悪用することもできるわけで、「高度な専門知識を使って、悪いことをする人」に特化した意味で、ブラックハッカーや**クラッカー**といった言葉が登場しました。

　一方で、その知識を社会に役立てたり、組織を守ることに使う人は**ホワイトハッカー**です。現在ではブラックハッカーもホワイトハッカーも、一つの職業になっています。

職業ですか！

　そうです。ですので、ブラックハッカーの攻撃スタイルも変わってきています。インターネットの黎明期は自分の技術を自慢するために害のないイタズラをするマルウェアなどもありました。ハッキングをする目的が腕自慢や自己顕示欲だったわけです。この場合、マルウェアも派手なものが作られます。

　それに対して現在のブラックハッカーは仕事としてお金目的でハッキングをしますから、なるべく見つからないようにシステムを乗っ取ったり、身代金目的のマルウェア（**ランサムウェア**）を作ったりします。

ランサムウェアというのは、悪意のあるソフトウェア（マルウェア）のなかでも、明確にお金を巻き上げることに特化したソフトウェアのことです。具体的にはコンピュータをロックしたり、ファイルを暗号化するなどして、「もう一度使えるようにして欲しければ、身代金を払え」とやるわけです。

それは払ってしまいますね……

そうなんですよ。一般の犯罪でもサイバー犯罪でも、「身代金を払ってはいけない」と言われますが、現実にデータを破壊されてしまったら業務が止まったりなくなったりします。支払能力があれば払ってしまいたくなりますよね。指導する立場のアメリカの行政機関でも支払ったことがあります。

もちろん、お金を払ったからと言ってデータが元にもどる確約はなく、犯罪組織を肥えさせることになるのでダメなんですけど、巨額のお金を払ってもシステムを復旧させたいほど、現代社会は情報システムに依存しているということです。このお金のやり取りには仮想通貨（暗号資産）が使われることが多く、なかなか足がつかないんです。愉快犯的なハッカーとは狙いどころや対策が異なってきますから、性質の違いを理解しておく必要があります。

スクリプトキディは、ご存知でしょうか。ちょっと背伸びしてハッキングをやってみたい人たちですね。自分でシステムをハッキングする能力はないのですが、ブラックハッカーらが作った攻撃用ツールを使うとハッキングを模倣することができます。ツールでできる範囲の攻撃手法しか用いませんが、頭数は多いので脅威になります。

あのー、職業ハッカーってどうやって儲けるんですか？

国家機密の窃取から迷惑メールの送信まで、幅広く手がけますよ。エクスプロイト（ソフトウェアの脆弱性を突くコード）の売買も主要な資金源です。現代の複雑なシステムに対応するためにチーム化が進んでおり、一匹狼のハッカーは減りました。

大手のハッカーだと数百万～数千万のボット（マルウェアを感染させた、指示通りに動くパソコン。ボットに指示を出すハッカーのコンピュータはC&Cサーバという）を持っていて、ひとたび指示を出せば大規模な攻撃が行える体制を整えています。

LESSON 07 マルウェア

> ▶▶▶ 可愛らしい名前に騙されてはいけません

マルウェアの定義

マルウェアとは悪意のあるソフトウェア全般を指す言葉です。マルが悪意を表す接頭辞なんですね。

> コンピュータウイルスとは違うんですか？

ぶっちゃけ、ウイルスのほうが有名ですよね。そのまま使えばよかったんですけど、定義問題が出てきちゃったんです。

▟ コンピュータウイルスの定義

分類	定義
ウイルス（広義）	以下の3つをまとめた概念。悪意のあるソフトウェア全般。マルウェア
ウイルス（狭義）	他のソフトウェアに寄生する
ワーム	他のソフトウェアに依存せず、独立して活動できる
トロイの木馬	表面上は有用なソフトウェアとして動くが、背後で悪意のある動作をする二重構造型

ウイルスは、狭い意味では、他のプログラムに寄生して悪さをするソフトウェアです。Excelに寄生して悪さをするので、Excelをアンインストールすることが対策だ！　みたいなやつです。

ところが悪意のあるソフトウェアは他にも種類があります。単独で活動できるワームや、有用なソフトウェアとして活動しつつ、隠れたところで攻撃を行うトロイの木馬などです。これらをひっくるめた場合の呼び方もウイルス（広い意味でのウイルス＝マルウェア）なので、ちゃんと区分けすることになりました。

いろいろ種類があるんですね。
そもそも何を「悪さ」とするんですか?

　それは経済産業省のコンピュータウイルス対策基準で定められています。この基準からして、「コンピュータウイルス」ですもんね。用語が入り乱れています。次の3つの機能のうち、1つ以上を持つものをウイルス(マルウェア)と呼んでいます。

コンピュータウイルス(マルウェア)の機能

機能	概要
自己伝染機能	マルウェア自身や寄生したOSなどの機能を使って自分のコピーを作り、感染を他のコンピュータに広げる機能
潜伏機能	感染してしばらくの間はおとなしくしている機能
発病機能	データを消したり、身代金を要求したり、迷惑メールの踏み台になったりと、いろいろ悪さをする機能。攻撃者の目的によって、現われ方はさまざま

自己伝染機能と発病機能はわかります。
でも、潜伏機能って何のためにあるんですか?

　他にも、病気のウイルス、たとえばインフルエンザウイルスなんかもそうですけど、潜伏期間ってあるじゃないですか。ウイルスをもらってすぐに発病すると、宿主はすぐに寝込んでしまって、ウイルスを他の人に感染させる機会を失います。ウイルスの視点だと、宿主にはしばらく元気でいてもらって、感染を広めて欲しいわけです。そのための機能です。
　他にも、機密情報や個人情報を収集する**スパイウェア**や、意図しない広告を表示する**アドウェア**、ワープロソフトや表計算ソフトのマクロ機能を使った**マクロウイルス**などが有名です。
　マルウェアの感染経路についても覚えておきましょう。マルウェアが自分のコピーをばらまき、感染を広める経路はファイル共有、Webページからの自動ダウンロード、USBメモリを介したものなどいろいろありますが、長い間もっとも大きなシェアを占め続けているのがメールへの添付です。
　本試験でも、メールの添付ファイルや記載されたURLをうかつに開かないといった基本的な事項に気をつけて臨みましょう。

LESSON
08 DoS攻撃

> 押し寄せる通信

超・有名なDoS攻撃

具体的な攻撃方法が続きます。DoS（Denial of Service）攻撃も代表的ですね！

なんで元気になってるんですか。やばい人だと思われますよ。

　DoS攻撃というのは、違う表現を使えば**飽和攻撃**のことです。相手をあっぷあっぷさせるんです。たとえばイージス艦というのがあるじゃないですか。極めて対空防衛能力が高い戦闘艦艇で、敵の空対艦ミサイルや弾道弾も打ち落とせるとされています。でも、仮に迎撃用の対空ミサイルを100発しか積んでいないとしたら、200発のミサイルで同時攻撃されればお手上げになります。

そのお手上げの状態を作るのが、DoS攻撃ですか。

　そうです。理屈の上ではどんなやり方でも構いません。たとえば、新商品の発売日でWebサーバに通信が集中するときなどは、DoS攻撃のような状態になっています。

　たくさんの通信をさばききれなくなって、Webサーバの動作が遅くなったり、ダウンしたりします。この場合は悪意がないのでDoS攻撃とは言いませんが、攻撃者は同じ状況を故意に作り出すわけです。

っていうことは、ふつうの使い方でもDoS攻撃みたいになっちゃうことがあるんですか。

　それがDoS攻撃への対策を難しくしています。通信が集中したときに、単に人気があるのか、悪意を持って攻撃しているのかの判断は困難です。たとえば、攻撃者がWebサーバにhttp通信を大量に送りつけたとき、「単にそのWebページが見たかったんだ」と言い逃れるかもしれません。http通信自体は不正でも何でもない

からです。対策としてhttp通信を禁止してしまうと、一般の利用者もWebページを見ることができず、結局業務妨害の意図は成立してしまいます。

ほほぅ。http以外にもDoS攻撃に使われる通信はありますか？

　理屈の上では何でも構わないのですが、狙われやすいものはあります。たとえばTCPは通信相手と接続するための手続き、**3ウェイハンドシェイク**をしますが、ハンドシェイクが成立しないとしばらくの間、CPUやメモリを消費して相手の通信を待っています。最初の通信だけ行って待ちぼうけを食らわせつつ、別の通信を始めればどんどん情報資源（リソース）を消費させてダウンに追い込むこともできます。

◢ DoS攻撃のイメージ

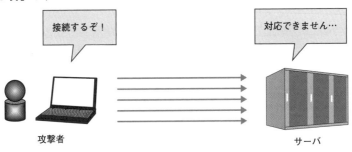

接続するぞ！

対応できません…

攻撃者　　　　　　　　　　　　　　　　　　　　サーバ

　また、攻撃者にとって理想的なのは、自分はあまりリソースを使わずに、攻撃対象にだけリソースを浪費させるような手法です。そこで**DDoS（分散型DoS）攻撃**が行われます。マルウェアなどで多くのコンピュータを支配下に置いて踏み台とし、そこから攻撃するのです。

■ DDoS (分散型DoS) 攻撃のイメージ

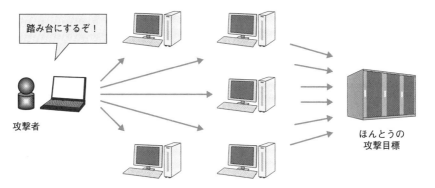

踏み台にするぞ！

攻撃者

ほんとうの
攻撃目標

　極めて大規模な攻撃が行えますし、赤の他人を踏み台として経由しているので、足もつきにくくなります。また、情報処理技術者試験全体で近年出題が増えているのが、DDoS攻撃の中でも**反射型 (増幅型) DDoS攻撃**と呼ばれるものです。

反射するんですか？ 鏡みたいに？

　そうなんです。意図としては先ほどと一緒で、攻撃対象に届けるデータを大きくしたいんです。大きければ大きいほど、相手を疲弊させられるので。そこで、要求パケットより返信パケットの方が大きくなるサービスが狙われます。

　とくに**DNS**を使った反射型DDoS攻撃が出題されています。DNSは問い合わせよりも、返答の方がずっと情報量が大きくなるので、攻撃者自身は大きなデータを送信しなくても、攻撃対象に大量のデータを送りつけることが可能です。

ソーシャルエンジニアリング

▶▶ 人間の敵は人間

情報技術によらない手法

ソーシャルエンジニアリングは情報技術によらず、人の特性や錯覚などを利用して情報窃取や不正侵入などを行う手法です。

> えっ、なんですかそれ。ずるいじゃないですか。ハッキングって、高度な情報技術を駆使して行うかっこいいものじゃないんですか？

そういうイメージがありますけど、そこまで技術を磨いて機会を狙うのって大変じゃないですか。だから、人の善意につけこんでパスワードを聞き出したりするほうがずっと簡単で、コスパがいい攻撃方法です。

> イメージが崩れた……。具体的にはどんなことをするんですか？

上司になりすまして、他の社員からパスワードを聞き出したりするのは定番ですね。ちゃんとした会社なら規程で禁止しているでしょうけど、「客先で急いでいるんだ」「これで取引がパァになったら責任とれるのか！」などと高圧的に言われるとなかなか抵抗できないですよ。

あとは、社員がランチによく集まるお店で会話を盗み聞きしたり、取引先として実際にその企業の顧客になるなんてこともあります。

そこまでするのか、と思うかもしれませんが、大事な情報やお金になる情報が盗めて利潤が出るなら、やりますよ。彼らにとってはビジネスですから。取引先として付き合えば担当者や上司の人員構成、人間関係もわかりますし、標的企業の標準書類なども入手できます。攻撃しやすいですよ。

類型的なソーシャルエンジニアリングの攻撃方法をあげてみましょう。

◤ ショルダーハッキング

ショルダーハッキングは、端末を操作している人の肩口から、入力中のパスワードなどをひょいっと覗く方法です。極めて単純な手口ですが、成功すればそのまま

パスワードを盗めてしまいます。ATMにバックミラーがつくようになったのは、ショルダーハッキング対策です。

◤ スキャビンジング

スキャビンジングは、ごみ箱あさりのことです。ごみ箱は機密情報や個人情報の宝庫です。シュレッダーにかけられずに雑に捨てられている機密情報のなんと多いことか！　また、その会社的には機密情報や機微情報ではなくても、別の視点では大きな価値を持つ情報などがあります。

◤ 共連れ

共連れ（ピギーバック）はファシリティチェックを突破する方法です。ファシリティは施設・設備のことなので、建物の火災対策などで出てくる用語ですが、近年では入退室管理をちょっとかっこよく言うためにも使われています。

セキュリティ水準は高まりましたが、一方でIDカードを忘れたときなどは仕事が進まなかったり、部屋に入れなかったりします。このとき、同僚などに頼んで1枚のIDカードで2人が入退室管理システムを突破する行為を共連れといいます。部屋の内外でのカードの貸し借りなどの変種もありますね。

入退室管理は一般的に物理的な鍵で行われてきましたが、組織や人材の流動化で鍵ではなかなか管理しにくくなりました。そのため、個々人がIC入りのIDカードを持ったり、生体認証で人の出入りを管理する企業が増えています。個々人の動線を追跡し、その部屋に今何人いるかなども把握するようになったのです。

> なんか、古風な方法ですね〜。

古風でも使えればいいんですよ。それを言うなら、ソーシャルエンジニアリングなんて、みんな古風です。オレオレ詐欺とか、典型的じゃないですか。

> 確かに、オレオレ詐欺も人の錯覚につけこんで、簡単にお金を取っていく方法ですね。共連れに何か対策はないんですか？

アンチパスバックといって、カードの入室記録と退室記録の整合性を取る対策があります。中の人とカードの貸し借りをしても、矛盾するんですよ。

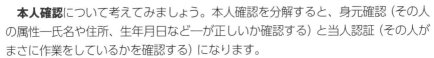

パスワードへの攻撃

> 根本的解決が難しい

二要素認証と二段階認証の違い

本人確認について考えてみましょう。本人確認を分解すると、身元確認（その人の属性―氏名や住所、生年月日など―が正しいか確認する）と当人認証（その人がまさに作業をしているかを確認する）になります。

オンラインでやる本人確認を**eKYC**といいます。ハッキング事件で有名になりましたよね。

ところで、当人認証についてあまりにも多くのシステムがパスワード方式に頼っているのです。パスワードは当人認証の唯一の手段ではありません。**所持**（本人しか持ち得ない鍵を持っているなど）、**知識**（本人しか知り得ない情報を持っているなど）、**生体**（本人しか持ち得ない瞳、指紋などの情報を持っている）の3つは当人認証の要素として特に良く知られています。

知識による当人認証は、つまり合い言葉方式ですから、昔から使われてきました。しかし、知識は漏れやすいのが欠点です。会話の中でうっかり漏らしたり、合い言葉を推測されるなどのリスクがあります。

それを防ぐために、長いパスワードを使う、多くの文字種を混ぜ込んだ複雑なパスワードにする、短い期間でパスワードを変えていく、パスワードはメモに残さず暗記するといった運用をするよう注意されます。

> 意図はわかるんですけど、無茶ぶりですよ。長くて複雑なパスワードをころころ変えつつ暗記させるんですから！

そうなんですよ。これは構造的な問題で、欠陥のあるシステムの尻拭いを利用者に押しつけている状況です。かといってパスワード方式に抜本的な解決策はないので、だましだまし使ったり、使い捨てパスワードであるワンタイムパスワードを導入したり、近年では**多要素認証**（記憶、所有、生体など複数の認証要素を組み合わせる）や**ベースライン認証**が多く取り入れられています。

二要素認証ってやつですか？ 私もアプリ導入時にやりました。

　二要素とは限らないので、要素数を決めてしまいたくないときは多要素認証としておくんです。二段階認証には注意しましょう。二要素認証と同じ意味で使われるときもあるのですが、単に「二回認証すればいいや」の意味もあります。

二回認証すれば、セキュリティ的には強いのでは？？？

　いえ、この方式のミソは異なる要素の掛け合わせにあります。パスワード（知識）を入れて、かつスマホ（所持）に送ったメッセージをクリックさせることで、パスワードもスマホも同時に盗まれていることは少ないだろうと判断して本人確認の証拠としています。
　それが、第1パスワード、第2パスワードのようなやり方だと、確かに二段階にはなっていますが、どちらも知識による認証なので、漏れるときは両方漏れているリスクが高いんです。あまりいいやり方ではありません。

なるほど。リスクベース認証というのは？

　ふだんログインする環境を記憶しておいて、それと異なる環境からのログイン（正規の利用者がモバイルから利用することや、攻撃者がなりすまし攻撃をしていることなどが考えられる）のときには、追加のセキュリティチェックを行う方法です。セキュリティの水準と使いやすさのバランスを取ることができます。

　こうした方法はあるのですが、初期コストや運営コスト、作りやすさ、利用者のリテラシなどから、未だに古典的なパスワード方式のみを当人認証として採用しているシステムもたくさんあります。

　次は攻撃者が使う方法を見ていきましょう。
　前提として、今のパスワードは**ハッシュ値**で保存されていることを理解しておきましょう。平文のままのパスワードや暗号化したパスワードを保存するシステムもまだありますが、ファイルが流出したら即重大なリスクになります。ハッシュ値であれば、仮に流出してもパスワードに復元できませんから、リスクとして顕在化し

にくいのです。

なんで暗号じゃだめで、ハッシュ値だといいんですか？

　暗号は鍵が漏れたらアウトです。パスワードファイルが漏れる時点で、鍵も怪しいですよ。でもハッシュ関数はもとのデータに戻せないという一方向性があります。つまり、ハッシュ値からパスワードに戻せないのです。

　ハッシュ関数については後の節で詳しく説明します。

攻撃者が使う方法

■ ブルートフォース攻撃

　ブルートフォース攻撃は、あり得るパスワードをすべて試していくやり方です。キャッシュカードの暗証番号を0000から9999まですべて入力してみるのが典型例で、1万回試行すれば必ずどこかで正解のパスワードに行き当たります。

■ ブルートフォース攻撃のイメージ

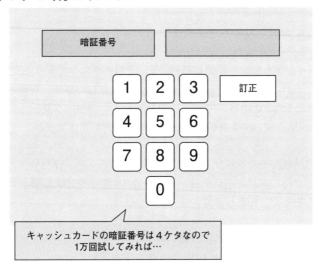

手間はかかりますが、確実にパスワードを破れる方法です。3回パスワードを間違えるとアカウントがロックされるのも、できるだけ長くていろいろな文字種を混

ぜたパスワードを要求されるのも、すべてブルートフォース攻撃への対策です。

パスワードを長くすればするほど、文字種を増やせば増やすほど、試すべきパスワードの数が増えるので現実的な時間ではパスワードを見つけられなくなります。その事実を突きつけて、攻撃者にブルートフォース攻撃を諦めさせる効果があるわけです。

◤ 逆ブルートフォース攻撃

そうはいっても、攻撃者も狡猾です。別の手段を考えてきます。**逆ブルートフォース攻撃**は「何回かパスワードを間違えるとアカウントをロック」を回避するための派生攻撃手法です。

多くの人が似たようなパスワードを利用している（例えば、「123456」や「qwerty」）のを悪用して、田中さんに対して123456、鈴木さんに対して123456と、利用者を変えながら人気のパスワードを試していきます。

1人の利用者に対しては1回しかパスワードを試行していませんから、ロックされることはなく、確率論的にはそのうち誰かのアカウントにログインできてしまいます。安易なパスワードを使わないことで対策できます。

◤ 辞書攻撃

パスワードはメモせず暗記せよ、と教わります。なるべく長くしろとも教わります。その結果、覚えやすいけれども長くするために、辞書に載っているような意味のある単語を組み合わせてパスワードにする例が増えました。

そこで、辞書（人間にとって意味のある言葉の集大成）に載っている言葉を使ってパスワードを試していくのが**辞書攻撃**です。利用者がそうしたパスワードを利用している場合、ブルートフォース攻撃よりも効率的に「正解」を発見できます。無味乾燥な、意味のないパスワードを使うことで対策できます。

◤ レインボー攻撃

レインボー攻撃はハッシュ化したパスワードを狙う攻撃手法です。パスワードをハッシュ値に変換して保存しておけば、流出しても理屈の上では解読されません。しかし、抜け道はあります。同じパスワードを同じハッシュ関数にかければ、同じハッシュ値が出てきます。

したがって、「ありそうなパスワード」をあらかじめ多数ハッシュ化しておき、入手した「ハッシュ化されたパスワードのリスト（レインボーテーブル）」と照らし合わせれば、もし安易なパスワードを使っていた場合は「同じハッシュ値」が登場してパスワードがばれてしまいます。誰もが思いつきそうなパスワードを避けることで

対策します。ハッシュ関数については、後の節で説明しますね。

 おおー、逆ブルートフォース攻撃とかレインボー攻撃とか、よくこんなこと考えつきますね。

　攻撃者も仕事ですから、常に向上心を持っていないとクライアントを失ってしまいます。

◢ パスワードリスト攻撃

　最後は**パスワードリスト攻撃**です。これは単純で、あらかじめ入手（不正侵入や闇市場での購入など）したユーザIDとパスワードのペアを使って、システムへ不正ログインします。

　パスワードを流出させないことはもちろん、同じパスワードを別システムで使い回さないなどの処置で、被害をできるだけ軽減するように対策します。

◢ パスワードリスト攻撃のイメージ

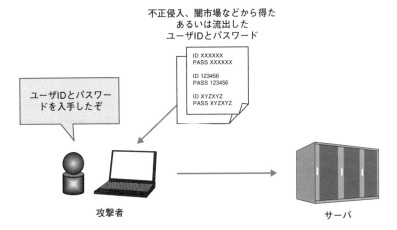

フィッシング

釣られクマーってご存知でしょうか

フィッシングの手法

フィッシングは利用者を詐欺サイトへ誘導する方法です。

魚釣りみたいですね。

まさにそのフィッシングから来ています。

まじですか

あの手この手で利用者を騙して「釣り上げる」ので、そう呼ばれているんです。その「あの手この手」の中には、たとえば https://www.nikkeibp.co.jp のような正規のURLに対して、https://www.mikkeibp.co.jp といった偽URLを用意しておき、利用者の打ち間違いを待つといった古典的な方法があります。

nとmの打ち間違いを待つわけですね。理屈はわかりますし、確かに準備も簡単でしょうけど、今どきURLを手入力する人なんていますか？

いないでしょうね。ですから、多くのフィッシングはリンクを踏ませる形式になっています。Amazonからメールが来て、そのメールがいかにもAmazonが送ってくる形式になっていれば、ついリンクを踏んじゃうじゃないですか。

まあ、そうですね。

ハイパーリンクは見た目とリンク先を別にできます。
だから、https://www.nikkeibp.co.jp と表示しておき、そのリンク先がhttps://www.mikkeibp.co.jp になっていても、なかなか気づきません。

メールソフトではステータスバーなどで確認できますが、一般利用者はあまり気にしませんし、見たとしてもｍとｎを誤認しそうです。

出始めのころのフィッシングメールは、「これ、明らかに楽天からのメールじゃないだろう」といった稚拙な内容だったので一目で見抜けましたが、現状ではぱっと見ただけでは本物か偽物か判断に迷うフィッシングメールが増えています。URLにしても、短縮URLなどを使われてしまうと、判別が難しくなります。

◢ フィッシングのイメージ

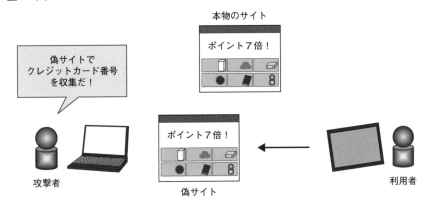

本物のサイト

ポイント7倍！

偽サイトで
クレジットカード番号
を収集だ！

ポイント7倍！

攻撃者

偽サイト

利用者

 けっこう手間暇かけてると思うんですけど、何が目的なんですか？

例えばショッピングサイトの偽サイトに誘導してしまえば、「クレジットカード情報の再確認です」などと言って、カード番号を送らせることもたやすいですし、ユーザIDとパスワードを聞き出すこともできるでしょう。その利用者が別のサービスで同じパスワードを使い回していれば、そのサービスにも不正アクセスすることができます。

 1つのサービスではすまなくなるんですね。

1つ脆弱性があると、いろいろなところが突破されてしまいます。だから、怪しいリンクを踏まないとか、パスワードを使い回さないとか、個々の対策ももちろん重要なんですけど、それを網羅的に行うことが大事になってくるわけです。

網羅的に、体系化しようとするのが情報セキュリティマネジメントシステムなどの取り組みですが、それはまた別のところで。

　フィッシング対策としては、不便になりますけどメールのリンクを踏まないのが一番です。

　会社へのリンクだったら、検索エンジンでその会社を探してそこからアクセスするなどの代替措置をとります。

標的型攻撃

> ▶▶ ターゲットロックオンってやつです

ありふれた手法の組み合わせ

標的型攻撃とは、組織や人などの攻撃対象を定めて、十分な準備のもとに行われるタイプの攻撃を指します。

> ふつうは標的をしぼらないんですか？

いえ、標的型攻撃は昔からありました。かつては、マルウェアを不特定多数にばらまくような攻撃が多かったんです。引っかかる人は少なくても、母数が多いのでビジネスとして成立するんです。

でも、セキュリティ対策ソフトなどが普及したこと、攻撃者の項目でも触れたようにハッキングがビジネスになっているので、お金や情報を持っている組織を決め打ちしたほうが費用対効果が高いなどの理由で、攻撃全体に占める割合が高まっています。

> 何か特別な攻撃方法があるんですか？

いえ、これまでに説明した攻撃方法の組み合わせです。ソーシャルエンジニアリングで担当者のユーザIDとパスワードを知る、標的企業と一度取引をしてみて組織構成や担当者、上司の情報を手に入れる。標的企業内で使われている書類様式やロゴを入手するなどです。取引を繰り返して攻撃者と担当者が友達になったケースすらあります。その上で攻撃するのです。

▨ 標的型攻撃のイメージ

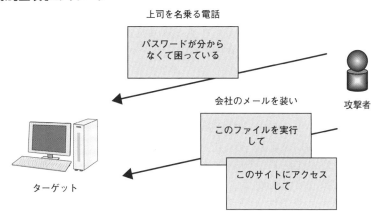

上司を名乗る電話

パスワードが分からなくて困っている

会社のメールを装い

このファイルを実行して

このサイトにアクセスして

攻撃者

ターゲット

1つ1つは教科書に出てくるようなありふれた攻撃手法ですが、「自分の会社専用に」「入念に下調べされ」「すべてを組み合わされる」と完全に防ぎきるのは難しいです。

それに加えて、**ゼロデイ**の**エクスプロイト**が用意されることもあります。脆弱性があるけれども、まだパッチが出回っていない状態のシステムに対して、その脆弱性を突いた攻撃をするわけです。標的企業がセキュリティ対策ソフトなどで防護していても、攻撃が成功する可能性が高くなります。

やりたい放題じゃないですか。どうやって防ぐんですか？

標的型攻撃への特別な対策はありませんが、社員のセキュリティリテラシーを高める、情報漏洩の経路をおさえモニタリングするなどの一般的な対策を積み上げることで対処します。高度な攻撃者が雇われることも多いので、人材としての**ホワイトハッカー**を活用している企業もあります。

標的型攻撃のなかでも、特に執拗なものを**APT**（Advanced Persistent Threat）と読んで区別することがあります。

おっかないですね。
執拗に狙われるようなお金を持ってなくてよかった！

このほかに、**水飲み場攻撃**というのもあります。

これも攻撃対象を絞り込むタイプの手法なのですが、その企業や人がふだん使っているWebサイトを攻略しておくんです。「あいつはPixivをよく使うから、Pixivにドライブバイダウンロードを仕掛けておけ」といった感じです。

そんなにPixiv使ってるんですか。

ぼくのことじゃないですよ。あくまで例です。その人がPixivにアクセスすると、ドライブバイダウンロードで不正ファイルが送られてくる寸法です。直接その企業を狙うのではなく、いつも使っているサービスに攻撃を仕込んでおくのがポイントです。慣れ親しんでいるサービスではつい油断してしまいますからね。

共通鍵暗号

> 謎解きゲームが近いかもしれない

暗号を作る鍵

　攻撃者がどのように攻撃してくるかなど、セキュリティの基本を見てきました。ここからは、セキュリティを守るための技術に触れていきましょう。まずは**暗号**についてです。暗号は、特にインターネットの普及以降は情報システムと切っても切り離せない関係になっていて、盗聴のリスクとその対策としての暗号は常にセットで考えます。

> 盗聴を防ぐことはできないから、暗号化するんですよね。

　そうです。インターネットや情報システムの特性上、完全に盗聴を防ぐことは困難です。ですので、盗聴されても第三者には意味がわからん状態＝暗号にして安全を確保します。
　その暗号の基本が**共通鍵暗号**です。暗号は**暗号アルゴリズム**（暗号を作る方法）と**暗号鍵**（暗号を作るための情報）によって作ります。

> そこがわかんないっす。2ついるんですか？

　大昔はごっちゃになっていたんです。たとえば古典的な暗号として知られる**シーザー暗号**は「アルファベットを3つずらす」のが暗号の作り方でした。もとの情報（平文）がabcだったなら、そこからシーザー暗号を作るとdefになります。
　どんな暗号もそうなんですけど、何度も暗号を入手されると、よく出てくる文字や情報の偏りから、平文を推測されることがあります。

> そうはいっても、
> 暗号を第三者に盗まれないようにするのは大変ですよね？

　事実上無理です。そのため、暗号の作り方をころころ変えたいんです。前回と今

回で暗号の作り方が変わっていれば、比較されても見破られませんから。

　ところが、暗号を作る方法ってそうそう思いつくものじゃないんです。毎回変更することなんてできません。そこで、暗号を作るための情報を変えます。

 作るための情報ですか？

　シーザー暗号で言えば「3つずらす」の「3つ」の部分です。シーザー暗号ではこれを作り方のなかに組み込んで固定化していましたが、分離したんです。分ければ柔軟に変更できますから。たとえば、「今日は4つずらす」「明日は7つずらす」とやることで、攻撃者を混乱させることができます。暗号を作る方法（暗号アルゴリズム）には手を入れず、暗号を作るための情報（暗号鍵）を変更することでバリエーションを出したわけです。

◾ 暗号化アルゴリズムと鍵のイメージ

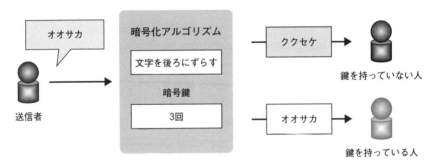

 なるほど。暗号を作る方法は変わっていないけど、
全体として暗号の作り方は変更されているんですね。

　そうです。暗号を作ったり解読（**復号**）したりするためには、暗号アルゴリズムと鍵の両方を知らないといけません。平文にアクセスする正当な権利を持っている送信者と受信者は当然これを知っています。

　一方、暗号を解読しようとする第三者は暗号アルゴリズムを類推することはできます。そもそもそんなに種類がありませんから。でも、送信者と受信者が秘密に管理する鍵には触れることができず、ゆえに暗号文を入手してもそれを復号することはできません。

■ 共通鍵暗号のイメージ

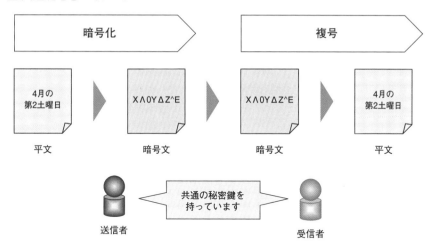

2人の秘密にしないといけないんですね？

　そうです。共通鍵暗号の鍵はとっても強力で、暗号を作ることも、復号することもできますから、まさに暗号の安全を担保する「鍵」なんです。これが送信者と受信者だけの秘密であることが、暗号を安全に使うための絶対の条件です。
　ところで、**共通鍵暗号では暗号を作る鍵（暗号鍵）と暗号を復号する鍵（復号鍵）が同じ（共通）**なので、共通鍵暗号と呼ぶんです。これは覚えておいてください。

あれ、秘密鍵という言い方も聞きますが……

　送信者と受信者だけの秘密にしとかないといけないですからね。ただ秘密鍵暗号とは言わないのでその点は注意です。
　従来は暗号と言えば共通鍵暗号のことでした。しかし、インターネットの登場で様子が変わりました。共通鍵暗号をインターネットで使おうとすると、2つの欠点が露呈するからです。

どんな欠点ですか？

　まず鍵の配送が面倒です。送信者と受信者だけしか鍵を知っていてはいけないので、理想的には2人が集まって鍵を作るといいですよね？　でも、インターネットでは見ず知らずの人が暗号化通信をする需要がたくさんあります。

　じゃあ、メールで送るかといっても、そのメール自体が盗聴されるので渡し方がとても難しいんです。

　もう一つは鍵数の爆発です。共通鍵暗号では通信相手が増えるごとに鍵の数が多くなってしまうんです。n人が参加するネットワークですと、n（n-1）／2個の鍵が必要です。n×nの形になっていますから、参加人数が増えるととんでもない数になることがわかります。

◤ 共通鍵の管理

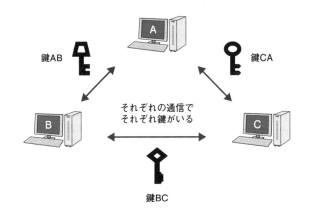

 同じ鍵を使い回しちゃいけませんか？

　鍵を作るのが面倒だと思って、たとえばA～C間の通信の鍵Cを、A～B間の通信に流用すると、A～B間の通信もCには復号できてしまいます。まずいんです。

それまでは暗号通信の相手はそんなにたくさんいなかったかもしれません。でも、インターネットで世界中を相手に通信し始めると、すぐに鍵数の爆発が生じてパンクしてしまいます。このように、使いにくい用途があることは覚えておいてください。

　具体的な共通鍵暗号の技術としては、**DES**と**AES**がよく出題されます。DESは脆弱性が報告されているので、今はAESの使用が推奨されています。AESはNIST（アメリカ標準技術研究所）が公募によって定めた共通鍵暗号技術です。128ビット、192ビット、256ビットの鍵を使うことができます。

公開鍵暗号

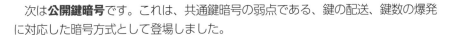

弱点は克服したいものです

鍵を分ける暗号方式

　次は**公開鍵暗号**です。これは、共通鍵暗号の弱点である、鍵の配送、鍵数の爆発に対応した暗号方式として登場しました。

どんな方法なんでしょう？

　すごくざっくり説明すれば、鍵を2つに分けるんです。暗号を作る専門の鍵と、復号専門の鍵です。

それで何かいいことがあるんですか？

　めちゃくちゃありますよ！
　だって、鍵の効力が弱まってます。特に「暗号を作る専門の鍵」ってかなり雑に扱ってよくありませんか？　だって、作ることしかできないんですもん。悪い人の手に落ちても、悪用できませんよね。

そうか……悪い人は復号をしたいんですよね。

　そうです！　すると、鍵の配送問題を解決できるんです。暗号を作る鍵と復号する鍵は、1つのペアとして作ります。このうち、暗号を作る鍵のほうは第三者にばれても構わないので、ホームページに掲載したり、メールで送ったりしても構いません。

大胆ですね、公開できてしまうのですね？

なので、この「暗号を作る鍵」のことを**公開鍵**と呼びます。公開鍵暗号の名前はここから来ています。もちろん、もう一方の復号する鍵が悪い人に知られたら大変ですから、こちらは今まで通り厳重に管理します。そこで復号する鍵のことは**秘密鍵**と呼びます。

ここで問題です。公開鍵と秘密鍵のペアは送信者と受信者のどちらが作るべきでしょうか？

> どっちかじゃないといけないんですか？　受信者ってわざわざ言うってことは……あっ、わかった！ 受信者ですね。

正解です！　受信者が鍵を作ることにすれば、公開鍵と秘密鍵のペアを作って公開鍵を送信者に送ることができます。公開鍵は第三者に知られてもいいので、メールなどのコストの小さい方法で送信できます。

もし送信者が作ってしまうと、秘密鍵を受信者に届ける必要が出てきます。秘密鍵は他人にばれたら困りますから、今までと同じ鍵の配送問題が生じてしまいます。

■ 公開鍵暗号のイメージ

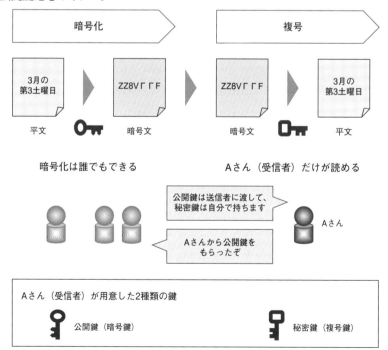

そして、受信者が公開鍵と秘密鍵のペアを作って、送信者に公開鍵を送るやり方だと、鍵数の爆発も緩和できるんです。

> 鍵の使い回しがきくんですね！

　はい、公開鍵暗号の公開鍵は、暗号を作ることしかできない鍵ですから、複数の送信者に同じ鍵を渡していいんです。Bさんに鍵aを、Cさんにも鍵aを渡したとして、どちらもできるのは暗号化のみですから、他人の暗号を解読したりはできません。受信者であるAさんは、DさんにもEさんにも同じ鍵を配ってOKです。

> あれ？ そうすると、Aさんが送信したいときはどうするんですか？

　送信したい相手の公開鍵をもらう必要があります。Cさんに暗号文を送りたいのであれば、Cさんが作った鍵ペアの公開鍵をもらわないといけません。

> ということは、送信と受信で使う鍵が違ってくるわけですね。

　ですので、公開鍵暗号の場合、ｎ人が参加するネットワークで必要な鍵の数は２ｎ個になるんです。

◤ 公開鍵暗号の必要数

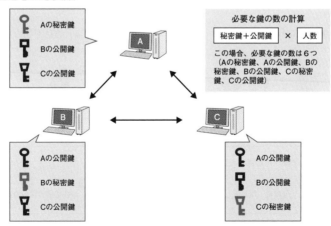

公開鍵暗号にもデメリットはある

　ずごく良さそうに見える公開鍵暗号ですが、共通鍵暗号と比べてデメリットもあります。CPUにかける負担が大きく、暗号化や復号に時間がかかります。一説には共通鍵暗号の1000倍とも言われているので、すべての通信を暗号化しようとすると大きなネックになります。

　そこで、共通鍵暗号と公開鍵暗号を組み合わせたハイブリッド暗号が使われます。

 どんなふうに組み合わせるんですか？

　公開鍵暗号は信用ならない伝送路に対して公開鍵を送ることができるのが利点です。そこで、まず公開鍵暗号を使って安全な通信路を作り、通信の安全が確保できた状態で共通鍵をやり取りします。

　共通鍵を安全にやり取りできてしまえば、後は共通鍵暗号を使えば高速な通信ができます。

◢ ハイブリッド暗号のイメージ

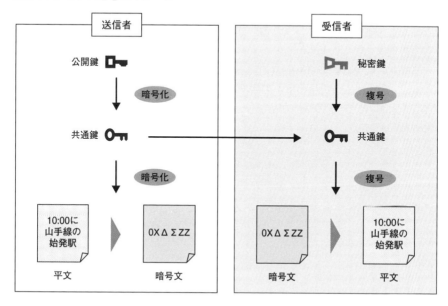

◢ 暗号化方式の特徴

分類	長所	短所	主な方式
共通鍵暗号	機器への負荷が小さい	不特定多数との通信が困難（鍵の数が増える、鍵の配送が難しい）	AES
公開鍵暗号	不特定多数との通信が可能	機器への負荷が大きい	RSA

どちらがよくてどちらがダメというのではなく、
用途に応じて適切な技術を選んだり、組み合わせたりするんですね。

その通りです。

共通鍵暗号はわかりやすいと思うんです。abc→cdeと暗号化したものを、cde→abcと戻すわけですから、暗号化したときの手順を逆にたどって復号するんだろうと理解できます。

でも、公開鍵暗号のアルゴリズムはちょっと不思議です。公開鍵暗号は暗号化鍵（公開鍵）と復号鍵（秘密鍵）が違いますから、作るときと戻すときのやり方が違うのに暗号文を復元できるわけです。

基本情報技術者試験では詳細を知る必要はありませんが、大きな数値の素因数分解に非常に時間がかかることや、楕円曲線上の演算規則を利用していることだけ知っておいてください。

公開鍵暗号の具体的な技術として、よく出題されるのは**RSA**です。開発者3人（Rivest、Shamir、Adleman）の頭文字をとって命名されました。近年では解読を試みるコンピュータの性能が上がり、安全を確保するために鍵長が長くなっているのが悩みです。

LESSON 15

デジタル署名

▶▶▶ 使われるようになってきました

なりすまし・改ざん・事後否認

デジタル署名は公開鍵暗号を応用した技術ですが、暗号を作る技術ではないので注意が必要です。インターネットなどの公共通信路を使うときの代表的なリスクが**盗聴、なりすまし、改ざん、事後否認**です。

このうち、盗聴に対しては暗号を使って対策するのはお話したとおりです。残りのなりすまし、改ざん、事後否認に対してはデジタル署名を使って対策します。

そもそも、なりすまし、改ざん、事後否認って何ですか？

なりすましは第三者が別の人のふりをすることです。リアルでもけっこうありますよね。ネットだと眺めたり触ったりして本人確認できないので、なりすましやすい特徴があります。

改ざんは書類を書き換えたり消したりしてしまうことです。これもリアルでも行われますが、デジタルドキュメントは改ざんの痕跡が見えにくいのでより注意が必要です。

事後否認は書類を書き換えたりしたのに、「自分はそんなことをしていない。誰かが改ざんしたんだ」などと言い張ることです。これらに対応するのがデジタル署名というわけです。

リアルだと印鑑を使って対策しますよね。
自分が作った書類だと示すために捺印します。

そうですね。訂正をしたときは確実に本人の作業だとわかるように訂正印を押しますね。それなら事後否認もできません。

比喩としては印鑑がぴったりなんです。ですので、出始めのころは電子ハンコなどとも言われていました。でも、勘違いしてワープロソフトの文書にハンコのJPEG画像を挿入するような人もいたので、あまりいい言い方ではなかったかもしれません。

第1章 セキュリティの基本

ハンコのJPEG画像はダメですか。

いくらでもコピーされちゃいますから。ここでいうデジタル署名は、もとのデータを加工して「印鑑相当」の機能を持たせる技術です。具体的には公開鍵暗号のやり方を応用しています。

公開鍵暗号ですか？

そうです。公開鍵と秘密鍵のペアを使いましたよね。あれを活用するんです。思い出してみてください。公開鍵暗号は受信者がペアを作り、公開鍵を送信者に送付します。送信者は公開鍵を使って平文を暗号化し、それを受け取った受信者は秘密鍵を使って復号します。

◤ 公開鍵暗号とデジタル署名の比較

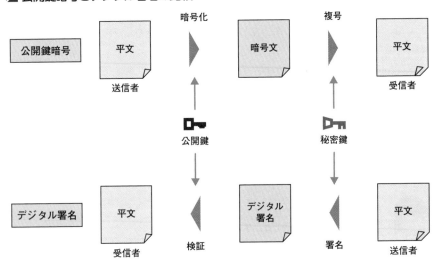

デジタル署名はこれが逆になったような手順をたどります。なりすましや改ざん、事後否認対策をしたいデータに送信者が秘密鍵を適用してデジタル署名を生成します。
　デジタル署名つきのデータを送信すると、受信者は公開鍵を使ってデジタル署名

を**検証**します。この検証は、ペアになっている秘密鍵で行われたデジタル署名に対してしか成功しません。

　したがって、送信者が秘密鍵をちゃんと秘密に管理している限りにおいて、検証が成功したデータは送信者が作ったと確認することができます。であれば、事後否認もできないことになります。

■ デジタル署名のイメージ

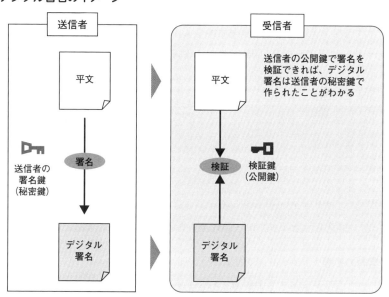

　また、データが改ざんされた場合、検証は失敗します。改ざん対策にもなるわけです。

　この場合、誰が鍵ペアを作るかわかりますか？

公開鍵暗号では受信者が作っていましたよね。あれは、秘密鍵を受信者だけの秘密にする必要があったから……デジタル署名は送信者が秘密鍵を持っていないといけないので、送信者が作る？

　ばっちりです。デジタル署名では送信者が鍵ペアを作って、秘密鍵を自分だけの秘密にします。公開鍵は受信者に送って、デジタル署名の検証に使ってもらうわけです。

公開鍵暗号とデジタル署名の手順と役割の違いに注意してください。似ているから理解しやすくもあり、間違えやすくもあります。

他にポイントはありますか？

公開鍵暗号技術を使ってはいますが、暗号としては役に立っていないところがポイントです。盗聴対策をするには、別途暗号化をする必要があります。

デジタル署名の具体的な手順は適用する暗号技術にもよるので、基本情報技術者で詳しく出てくることはありませんが、一例をあげてみましょう。

送信側の手順

- 署名したいデータのハッシュ値を計算する
  ↓
- ハッシュ値を秘密鍵で暗号化する（これがデジタル署名になる）
  ↓
- データとデジタル署名を送信する

受信側の手順

- 到着したデータからハッシュ値を計算する
  ↓
- 到着したデジタル署名を公開鍵で復号する
  ↓
- 両者が合致すれば、検証OK

この手順なら、送信中にデータが改ざんされたら違う**ハッシュ値**になります。ハッシュ値、ハッシュ関数については、後の節で詳しく説明します。

加えて、公開鍵でちゃんと復号できるデジタル署名を作れるのは、送信者だけということになります。

もちろん、送信者が秘密鍵をうっかり漏らしてしまったらすべてが台なしになりますから、公開鍵暗号同様に秘密鍵の管理はしっかりしないといけません。

LESSON 16 PKI

> 本人確認って難しいですよね

第三者認証のしくみ

とても良さそうに見えるデジタル署名ですが、一つ欠点があります。検証のためには送信者に公開鍵をもらわないといけません。でも、その送信者が本物である保証がないのです。

え、どういうことですか？

リアルのハンコで考えてみましょう。「書類にハンコがついてあるから、その書類は本人が作った」、そういうことになっています。でも、他人のハンコなんて100円ショップでいくらでも買えますよね。特に本人確認をして売っているわけでもありません。他人が三文判をつくことは事実上可能です。

ハンコの実効性と、それにかかる手間のバランスを考えた上での慣習ではありますが、本当に厳密な本人確認を要求される場面ではまずいことになります。

そこで、リアルの世界では特別なハンコの運用があります。

特別…そんなのありましたっけ。

印鑑登録ってやつですよ。マンションを買わされたり、高額の借金をするハメになったりすると、基子さんも作らされますよ。

なんだか怨念がこもってますね。

役所に登録する印鑑と身分証明書を持って行くと印鑑登録してくれます。印鑑＋本人確認書類で、確かに本人のハンコだぞと確認するわけです。第三者である役所が間に入っていますから、「これ、ほんとに本人のですか？」と疑義が生じないように、役所に証明書を発行してもらえます。

大口の取引のときなんかは、捺印に加えて印鑑登録証明書も提出するわけです。

　この考え方をデジタル署名に持ち込んだのが、**PKI**（Public Key Infrastructure：公開鍵基盤）です。PKIにおける第三者機関は**認証局**（CA：Certification Authorty）といいます。リアルの世界で印鑑登録を受け付けるのは役所だけですが、PKIにおけるCAは、役所はもちろん、民間企業なども行っています。

◢ デジタル証明書の発行イメージ

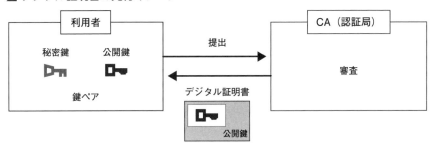

　証明してもらう対象は**鍵ペア**です。デジタル署名ではこのうち公開鍵を受信者に配るわけですが、もらった受信者は、たとえば「これが日経BPの公開鍵ですよ」と言われても本物かどうか確認するすべがありません。そこで**デジタル証明書**が役に立つわけです。

　具体的には、上の例ですと日経BPは鍵ペアと登記事項証明書などをCAに提出して審査を受けます。審査に合格すると、デジタル証明書が発行されます。デジタル証明書にどんな情報を記載するかは**ITU-T**がX.509で標準化しています。主な内容は次の通りです。

■ デジタル証明書に記載する主な内容

> バージョン
> 通し番号
> アルゴリズムID
> 認証局の名前
> 有効期間
> 証明された組織・人の名前
> その公開鍵
> 証明書へ署名したアルゴリズム
> 証明書への署名

　いろいろ書いてありますが、きわめてざっくり言うと「公開鍵にCAがデジタル署名してくれる」と考えてOKです。信頼できるCAが会社の登記情報などをチェックして、問題なければ公開鍵にデジタル署名してくれるので安心です。

> それ、ほんとに大丈夫ですか？　「CAが信頼できる」が前提条件になってますけど、信頼できないCAもあるのでは……！？

　素晴らしい！　そうなんです、あやしいCAってあるんです。第三者ならなんでもいいわけではないですよね。あやしい会社が作ったあやしいCAもありますし、何なら公開鍵を発行する企業が私的に立ち上げたオレオレ認証局（プライベート認証局）というのもあります。これだと完全に意味がありません。

> ダメじゃないですか。

　この問題は印鑑登録みたいに「役所でしかできない」としてしまえば解決できますが、ちょっとした認証もすべて役所を通すのだとリアル同様にめんどくさいしくみになります。

　そこで多くの人が厳しいチェックによって認めた**ルートCA（最上位認証局）**を設定します。ルートCAに認めてもらえば安心というわけです。ルートCAが発行する自分の公開鍵のデジタル証明書は**ルート証明書**と呼びます。

　たとえば、私たちが使うブラウザには初期状態でルート証明書が組み込まれてい

るので、ルートCAの公開鍵を持っていることになります。この状態でルートCAに発行してもらったデジタル証明書が送られてくれば、すぐに検証することができます。

■ 認証局の階層イメージ

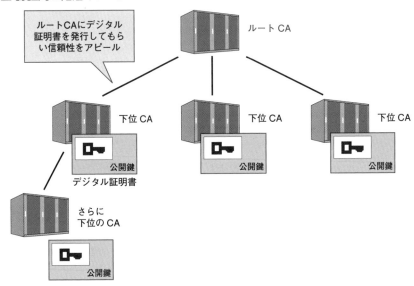

　ただし、なんでもかんでもルートCAに証明書を発行してもらうのであれば、先ほどの役所と例と同様に待たされたり、手数料が高額になる可能性があります。そこで、ルートCAほど信頼や知名度がないCAはルートCAにデジタル証明書を発行してもらい、自らの信頼性をアピールします。「低知名度CAですけど、ルートCAに証明してもらっているから大丈夫ですよ。お安くしておきますよ」と商売するわけです。

ははぁ、いろんなビジネスがあるんですね。

　この信頼の基盤は重要なので、日本政府も積極的に介入しています。政府がCAを運営してPKIを構築する形式を**GPKI**（Goverment PKI：政府認証基盤）といいます。地方自治体のCAや民間企業のCAとはブリッジ認証局（BCA：Bridge PKI）を介して認証の連鎖を作っています。

また、一般的に認証局（CA）と言ってしまうのですが、もっと細かく見れば情報の登録を行う**RA**（Ragistration Authority）と、証明書の発行を行う**IA**（Issuing Authority）に分けらます。1つの企業がRAとIAの両方を兼ねることも、自社がRAをやってIA部分はアウトソーシングすることも可能です。

本試験対策として他に覚えておくべきことはありますか？

CRL（Certificate Revocation List：証明書失効リスト）は是非覚えておきましょう。デジタル証明書には有効期限があって、それ自体がセキュリティ対策になっていますが、有効期限の前に失効させるケースもあります。

どんなケースでしょう？

それ自体が出題対象になることもありますよ。たとえば会社が倒産したり、秘密鍵が漏洩したりなど、すぐにデジタル証明書を失効させないとまずいケースはぽろぽろあります。

その場合はCRLに掲載して、「その証明書はもう使っちゃダメ」と周知するわけです。ですから、デジタル証明書を使う人はCRLのチェックも欠かせません。

なお、デジタル証明書が証明するのは会社の実在性だけである点は、覚えておきましょう。信頼できる会社か、財政基盤がしっかりした会社かといったことを証明するわけではありません。

ハッシュ関数

> 名前は弱そうですが超重要

セキュリティの基盤技術

ハッシュ関数は現代のセキュリティの基盤技術といって差し支えありません。さまざまな場面で応用されるので、しっかり覚えておきましょう。

暗号の作り方と似ているように思われるかもしれません。

■ ハッシュ関数と暗号アルゴリズム

```
もとのデータ  →  ハッシュ関数  →  ハッシュ値
もとのデータ  ↔  暗号アルゴリズム  ↔  暗号文
```

確かに作り方は似ています。決定的な違いは、ハッシュ関数は**一方向関数**で、不可逆性を持っていることです。暗号文は複合すれば平文に戻りますが、ハッシュ値をもとのデータに戻す方法はありません。

この特性がセキュリティ分野で大きな価値を持つのは、パスワードの節などで説明したとおりです。パスワードを暗号化して保存しても、鍵が漏れれば解読されてしまいますが、パスワードをハッシュ化して保存しておけば、漏れてもパスワードへの復元はできません。

> それでもパスワードの確認はできるんですか？

同じデータを同じハッシュ関数に入れれば、必ず同じハッシュ値が出てきますから、パスワードが正しいかどうかの確認は可能です。

セキュリティ分野で使われるハッシュ関数は、特に暗号学的ハッシュ関数といい、次のような特徴を持ちます。

◾ 暗号学的ハッシュ関数の特徴

- どんなデータからでも、短い固定長のハッシュ値を生成する（もとのデータが1文字の場合などは、もとのデータよりも長くなる）
- 異なるデータを入れたのに同じハッシュ値が出てくること（衝突：シノニム）が極端に少ない
- ほんの少しでも入力するデータが異なると、大幅に違うハッシュ値が出てくる（ハッシュ値から入力データを推測できない）
- ハッシュ値からもとのデータを復元できない

　この性質を活用すると、改ざん対策などたくさんのことに役立つんです。ゲームの体験版などがメーカーから配布されるとき、ファイルにハッシュ値がついていることがあります。あれは改ざん対策です。

　ダウンロードした体験版のファイルをハッシュ関数にかけるとハッシュ値が出てきます。そのハッシュ値を、メーカーが公開しているハッシュ値と比べて、もし違っていたら、どこかでマルウェアなどが混入した可能性があります。

　ハッシュ関数にはいくつかの種類があります。作られて長い時間が経つと、シノニムを見つける方法が発見されるなど、危殆化が進むからです。**MD5**は古典的なハッシュ関数で、128ビットのハッシュ値を返します。よく使われてきましたが、すでに安全な水準を確保できなくなっているため利用は推奨されません。

　SHA-1もよく使われてきたハッシュ関数のシリーズです。160ビットのハッシュ値を返します。こちらも、すでに危殆化していて利用は推奨されません。

　「日経BP」という文字列をMD5とSHA-1にかけてみました。

◾ ハッシュ関数使用イメージ「日経BP」

```
MD5:      1a95c4b1724ed0efa1a3ffe5848ce208
SHA-1:    066d20d5bf0c86c11a4091b187ef1a89
          4c3cee23
```

　「日経AP」にしてみると、まったく違う値になります。

◢ ハッシュ関数使用イメージ「日経AP」

MD5 ： e1173a48fef6dfca2ce6a6b507e6d3d4
SHA-1 ： 6d491a97cf3518499831df823d372cf9
43b4ea77

なるほど、このくらい違ってしまうと、「う～ん、ハッシュ値の変化から考えるに、日経BPを日経APに変えたんだな」と推測するのは無理ですね。

　そこがセキュリティ分野で使う上でポイントになるんです。いま、現役で使われているハッシュ関数は**SHA-2**、**SHA-3**といったところです。SHA-2は生成するハッシュ値の長さによって、いくつかのバリエーションがあります。

　本試験対策としては、**SHA-224**、**SHA-256**、**SHA-384**、**SHA-512**を覚えておけば十分です。それぞれ224，256、384、512ビットのハッシュ値を出力します。ハッシュ値が長い方が攻撃に対して安全です。
　SHA-3はFIPS PUB 202として標準化されています。ハッシュ値の長さはSHA-2と同様に224、256、384、512ビットです。

メッセージ認証、タイムスタンプ

改ざんを疑いたいメッセージってあります

デジタル署名よりラクなメッセージ認証

メッセージ認証符号（**MAC**：Massage Authentication Code）はやり取りしたメッセージが改ざんされなかったかどうかを、検出するための技術です。

あれ？ 改ざんの検出はデジタル署名でもできるんじゃないですか？

素晴らしい！　その通りです。でも、そのためには公開鍵の入手など多くのステップが必要でした。メッセージ認証だと共通鍵を使うので、共通鍵を簡単に共有できる環境にいる人同士だと、ずっとラクに改ざん検出ができます。

具体的には、認証したいメッセージに対して、**MACアルゴリズム**とそこに適用する共通鍵を使って、メッセージ認証符号を生成します。

送信者はもとのメッセージとMACを送信し、それらを受け取った受信者はメッセージに対してやはりMACアルゴリズムと共通鍵を適用します。するとMACが生成されますので、送信者から送られてきたMACと比べることで改ざんがあったかどうかを知ることができます。

第1章 セキュリティの基本

LESSON 18

■ メッセージ認証のイメージ

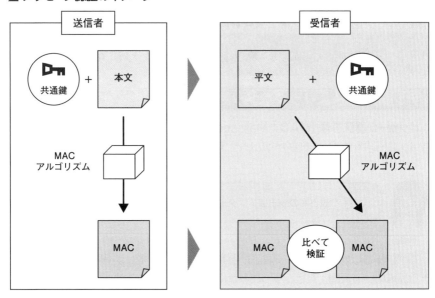

　弱点は基子さんが指摘してくれた通りです。共通鍵を持っていれば誰でもMACを生成することができるので、たとえば共通鍵を盗み出した人に中間者攻撃などをされると、改ざんした文書を正当なものとして受け入れてしまうことになります。

> それなら前に出てきたハッシュ値でよさそうに思えます。

　ハッシュ値だと、本当に誰でも作れちゃいますからね！　適当な文書をでっち上げて、それに対してハッシュ値を作ることには何の制約もありません。それこそ、中間者攻撃などに成功すればやりたい放題です。
　その点、メッセージ認証であれば、少なくとも共通鍵を入手しないとつじつまを合わせたMACを作り出すことはできません。抑止効果は格段に高まっています。

時刻を認証するタイムスタンプ

　タイムスタンプはある時刻にデータが存在していたこと、それ以降は改ざんされていないことを証明する技術です。時刻認証というやつです。ここでもハッシュ値

が使われます。時刻認証したいデータのハッシュ値を取り、このハッシュ値を**時刻認証局** (TSA：Time Stamping Authority) に送ります。デジタル証明書でおなじみの認証局と似た働きをすると考えてください。もちろん、送信する手順はHTTPSなど安全なものを使います。

　TSAは時刻配信局 (TA：Time Authority、原子時計などを使って常にその時計を正確に保つ) から正確な時刻の提供を受けています。この時刻情報とハッシュ値で**タイムスタンプトークン**を作って、クライアントに送り返すわけです。

　タイムスタンプトークンはTSAの秘密鍵で署名されるため、次の2点が保証されます。

◢ **タイムスタンプトークンが保証すること**

> ・ **ちゃんとTSAが発行していること**
> ・ **TSAが認証して以降、改ざんされていないこと**

　検証したいときは、TSAの公開鍵を使います。するとデータのハッシュ値と時刻情報が取り出せますから、手持ちのデータから生成したハッシュ値と見比べることで改ざんの有無を、また取り出した時刻情報から、その時刻には存在していたこと、それ以降改ざんされていないことがわかります。

LESSON 19 生体認証技術

▶ 万能の解決策はないのです

特長と欠点を押さえよう

　パスワードが唯一の認証方式ではないこと、どちらかと言えば欠陥の多い認証方式であることはすでに説明した通りです、

　現在はどちらかと言えば多要素認証の活用へと社会がシフトしていますが、一時期は次世代認証方式の切り札として考えられていたのが**生体認証技術（バイオメトリクス）**です。

　身体の特徴である生体情報のうち、個々人で異なり判別可能なものを使えば、下記のような長所を持つ認証方式を作ることができると期待されたのです。

◢ 生体情報を使った認証方式の特長

- ・忘れたり、なくしたりしない
- ・偽造が難しい
- ・精度の高い認証が可能

確かによさそうです。普及しなかったんですか？

　普及はしました。パソコンやスマートフォンが顔認証、指紋認証を採用しているのはご存じの通りです。でも、欠点もあることがわかってきました。

◢ 生体認証の欠点

> - パスワードに比べると高コスト
> - 生体情報を盗まれても、変更できない
> - 指紋の情報など、シリコンで偽造した例がある
> - セキュリティ水準を高くすると本人拒否率（FRR：False Rejection Rate）が上がってしまう
> - 利便性のためにFRRを下げると、他人受入率（FAR：False Acceptance Rate）が上がってしまう

期待されたほど万能の技術じゃなかったんですね。

　万能の技術なんてありませんから。特にスマホで使われている生体認証などでは本人拒否率を下げるために、かなり他人受入率を妥協していると言われています。「パスワードに変わる便利な認証」の側面を強めて、「パスワードより強固な認証」であることをやや犠牲にしているわけです。

盗まれても変更できないというのは盲点でした。

　指紋の情報が盗られてしまったからといって、「じゃあ酸でも使って、指をつるつるにするか」とはできないですからね。また、身体の一部分を使う認証ですと、病気や事故などでその部分がない人は認証ができません。これも将来の課題です。
　よく使われる生体情報を一通り確認しておきましょう。

◢ 指紋
　指紋は古くから犯罪捜査などで利用されてきた情報です。静電容量式のセンサーが普及してかなり低コストで使えるようになりました。指紋の偽造対策として、血流の有無を読み取るなど、攻撃者とのいたちごっこが続いています。

◢ 虹彩
　虹彩は角膜と水晶体の間にある薄い膜です。これを生体情報として使います。指紋に比べると偽造がしにくいことが知られていますが、いっぽうで、高コストで機器も大きくなるため普及が足踏みしています。

19　生体認証技術 | **79**

◢ 顔認証

顔認証とは、顔の特徴を捉えて、認証を行うやり方です。画像認識・識別を得意とするAIの普及で一気に普及しました。カメラがあれば情報がとれるので、スマホやパソコンで使う場合は、ハードウェア側に追加の装置がいらないことが特徴です。双子の識別やマスクを装着した顔の識別もだいぶ精度が上がったと報告されています。

◢ 声紋

声紋、つまり声の情報を使って認証を行うやり方です。識別用のサンプルが簡単に得られる利点もありますが、喉を痛めたり、加齢をしたりでエラーになることも多く、認証の精度は他のバイオメトリクス認証方式に比べるとやや落ちるとされています。

◢ 静脈パターン

主に手の血管の配置を赤外線で読み取る方法です。銀行のATMなどで使った経験がある方も多いと思います。指紋に比べると偽造しにくいと言われています。

バイオメトリクス認証といっても、偽造が可能なこともあるんですね。

ですので、二要素認証の1つの要素とするなどして、安全性をさらに高める努力が継続しています。

LESSON 20 アイデンティティ連携

> 中2病とは関係ありません

多くのサービスを越える技術

現在では多くのサービスが組み合わされて、あるいは利用者が自ら組み合わせてコンピュータ利用環境が形作られます。各サービスを使うときに別々のIDを使うのでは管理が大変で、統一した環境を作ることにも弊害があります。シングルサインオンで単にログインが楽になるといった枠を超えて、**アイデンティティ連携**のしくみが重要になってきます。

◢ 認証情報をやり取りできるSAML

情報処理技術者試験では、クッキーやリバースプロキシなどと並んで、シングルサインオンを実現するための技術として**SAML** (Security Assertion Markup Langage) がよく取り上げられます。クッキーでは同一ドメイン内でしかシングルサインオンができないので、異なるドメイン間では別の手法が必要です。

そこで、認証情報を別のドメインともやり取りできるSAMLが使われます。SAMLの特徴は次の通りです。

◢ SAMLの特徴

- 通信プロトコルとしてHTTPやSOAPを使うので、汎用性が高い
- 認証情報の記述はXMLベースなので、やはり汎用性が高い
- 認証情報のことを**アサーション**と呼ぶ
- 企業のエンタープライズシステムでよく利用される

◢ アサーションの種類

属性ステートメント	サブジェクトの属性 (ID、名前、住所、所属など)
認証ステートメント	どのサーバがいつ認証を行ったか
許可ステートメント	サブジェクトに何を許可したか

アサーションの細かい知識が問われることはありませんが、種類は覚えておきましょう。

サブジェクトって何ですか？

サブジェクトとは認証される対象です。アイデンティティプロバイダ (IdP) で認証情報を発行してもらい、実際にサービスを利用したいサービスプロバイダ (SP) に送ると、サービスを使わせてもらえるというしくみです。

◢ Webサービスなどで使われるOpenID Connect

認証情報をドメインを超えてやり取りしたいという目的はSAMLと同じです。**OpenID Connect**を使うことで、複数のサービスを同じ利用者IDとパスワードで利用できるようになります。利用者は楽になりますし、事業者もサービスの連携がしやすくなります。認証情報の管理からも解放されますね。

SAMLが企業のエンタープライズシステムなどで使われるのに対して、コンシューマ用のWebサービスなどでよく使われています。

OpenIDでは、OpenIDプロバイダが認証情報を管理していて、利用者はここにアクセスしてIDトークンを発行してもらいます。トークンはJSON (Java Script Object Notation) で作られています。このIDトークンをサービスを利用したいサイトに送信することで、その利用を許可してもらうわけです。全体の流れや登場人物はSAMLと同様なので、覚えやすいと思います。

これらがアイデンティティ連携ですか……
注意すべきポイントはありますか？

他の分野でも言えることですが、IDやパスワードを集約すると当然便利になります。しかし、資源が集中するということでもあるため、たとえばOpenIDプロバイダが情報漏洩などを起こすと、連携しているすべてのサービスに悪影響が生じます。その点は注意しなければなりません。

OpenIDって、似たようなしくみをどこかで聞いたことがあるんですよ……なんだったっけ？

OAuthじゃないですか？ よく対策されてますね！ OAuthは認可に使われるプ

ロトコルです。認証のOpenIDとセットで用いることも多いです。認証は、利用者やクライアントが正当であるか、認可はそれらが何をしていいのかを判断することですから、分けて考えましょう。

OAuthの整理

リソースオーナ	資源を保有する人
リソースサーバ	資源を保存するサーバ
クライアント	資源を要求するサーバやサービス
認可サーバ	クライアントを認証し、認可を与えるサーバ。認可はトークンとして発行される

　クライアントはリソースオーナにリクエストを行い、許可を得ます。それを認可サーバに送って認証を受けると、クライアントにアクセストークンが発行されます。それをリソースサーバに送ると使いたかった資源が使えるようになるわけです。

SQLインジェクション

いかにも強そうな名前です

SQLはデータベース問い合わせ言語です。私たちはこれを使ってデータベースを利用します。現在はデータ駆動社会と呼ばれ、データの価値が非常に高まっています。データベースはあらゆるデータが集約される場所ですから、攻撃者にとって重要な攻撃対象です。主な攻撃手段の1つに**SQLインジェクション**があります。

 どんな攻撃方法なんですか？

SQLの問い合わせには、利用者が入力したデータを使うことがあります。利用者にキーワードを入力させて、それをもとにデータベースを検索するようなパターンです。

■ 入力したキーワードが問い合わせに使われるパターン

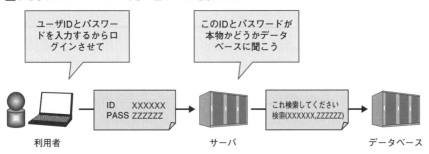

どんなシステムでもそうですが、利用者が送ってきたデータは無条件に信用してはいけません。故意にしろ過失にしろ、システムに意図しない動作をさせる可能性があります。

SQLインジェクションのポイントは、SQL文の構文を変えられてしまうことにあります。システム側はある程度完成したSQL文を用意して待っているわけです。で、その空欄部分に利用者が送ってきたキーワードなどを当てはめて、データベースに実行させます。ふつうはそれで何の不具合もないはずです。

◢ SQLインジェクションのイメージ

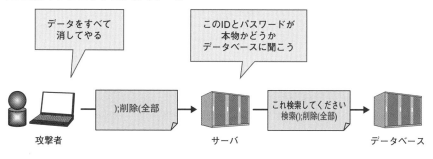

しかし、キーワードの中に括弧やデリミタ（カンマやスペースなどの区切り文字）といった**特殊文字**を含めることで、構文を変えるという攻撃方法なのです。

検索構文のなかにキーワードを入れることで検索が実行されるようになっていたものが、検索文を途中で閉じられて、攻撃者が送ってきた削除文が始まってしまう、といったやり方です。

なかなかおっかないですね。対策はあるんですか？

プレースホルダ（バインド機構）がもっとも確実です。利用者にあとからデータを入力してもらう部分をプレースホルダとして確保し、用意してあるSQL文の構文解析は先に済ませてしまうんです。

この方法であれば、攻撃者がプレースホルダに対して先にあげたような不正なデータを入力してきても、構文をいじられることはありません。解析はもう終わっているので、不正データが混じればエラーになるだけです。

逆に盲点はありますか？

すべてのDBMSでプレースホルダが使えるわけではない点です。その場合は昔ながらの**エスケープ処理**が代替案になります。そのシステムにとって特別な意味を持つ記号（不正に使われやすい記号）を別の表現に置き換えるやり方です。処理系によってエスケープすべき文字が違いますので、ライブラリなどを活用して漏れがないようにエスケープすることが大事です。

◢ HTMLにおけるエスケープすべき文字

危険な文字	置き換え（エスケープ処理）
&	&amp;
<	&lt;
>	&gt;
"	&quot;
'	&#39;

　最小権限の原則はここでも有効です。アプリケーションが持つDBMSへのアクセス権は、そのアプリが必要な最小限にとどめます。それによって、仮に攻撃が成立してしまった場合の被害を最小化することができます。

クロスサイトスクリプティング

> これはもう必殺技っぽい響きですね

他人の信頼を悪用する

クロスサイトスクリプティング（Cross-Site Scripting：XSS）は、利用者のブラウザを狙った攻撃手法です。攻撃者がスクリプトを送りつけても、現在のブラウザは警戒して実行しません。そこで、ブラウザが信頼しているサイト（スクリプトの実行を許可している）の権限で不正なスクリプトを動かそうと試みるのがXSSです。

> スクリプトの実行権限がないのに、信頼しているサイトの権限を使ってスクリプトを動かしてしまおう……ってことですか。

そう捉えるのがわかりやすいと思います。クロスサイトだから……えーと、サイトとサイトをまたがって？　などと考えていくとややこしくなります。

◤ クロスサイトスクリプティングの手順

- 攻撃者が、悪意のあるスクリプトを埋め込んだWebサイトを作成し、利用者のアクセスを待つ
- 利用者が偶然や誘導により、そのWebサイトにアクセスする
- スクリプト実行について脆弱性のあるサイトに要求が転送される。このとき、利用者が信頼しているサイトであればさらに都合がいい
- 脆弱性のあるサイトは転送されてきた悪意のあるスクリプトを埋め込んだWebページのデータを作ってしまい、それを利用者に返信する
- 利用者のブラウザで悪意のあるスクリプトが実行される

利用者視点で見てみましょうか。次の図表で示したのは、典型的なサイトをクロスするタイプの攻撃方法です。

① 最初に悪意のあるページを見ると、
② 悪意のあるスクリプトを含んだデータが送られてきて、
③ 脆弱性のあるWebサイトへ転送される。
④ 脆弱性のあるWebサイトは悪意のあるスクリプトを含んだWebページを作ってしまう。
⑤ 本来このクライアントはスクリプトを実行しないはずだが、信頼しているサイトから送られてきたスクリプトなので実行してしまう。

◢ クロスサイトスクリプティングのイメージ

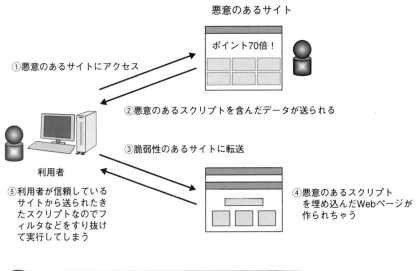

悪意のあるサイト

ポイント70倍！

①悪意のあるサイトにアクセス

②悪意のあるスクリプトを含んだデータが送られる

③脆弱性のあるサイトに転送

利用者

⑤利用者が信頼している
サイトから送られたき
たスクリプトなのでフ
ィルタなどをすり抜け
て実行してしまう

④悪意のあるスクリプト
を埋め込んだWebページが
作られちゃう

 なるほど。たしかにサイトをまたがっていますね。

　そうです。ポイントは、他人の信頼を悪用して、こっそり不正な要求を紛れ込ませることなんです。ですから、現時点ではサイトをまたがったやり取りが行われていなくても、XSSと判別されるものがあります。

 これって有効な対策はあるんですか？

　まずWebサーバが脆弱性をなくすことです。セキュリティパッチをあて、出力されるHTMLにエスケープ処理を施します。

クライアント側の対策としては、**WAF**が非常に有効です。**Webアプリケーションファイアウォール**ですね。

えーっと、スクリプトを実行停止にするのはどうですか？

　もちろん有効ですが、スクリプトは非常に役に立つので副作用もあります。もともとそのために「原則禁止、信頼したサイトのスクリプトはOK」としているわけですから。

第 **2** 章

セキュリティ管理

情報セキュリティリスクアセスメント及びリスク対応

ゼロにできないリスクと黒歴史

セキュリティ対策とは何か？

　リスクをゼロにすることはできません。セキュリティ対策とは予算と期間の範囲内で、リスクを受容可能な水準に押さえ込む一連の活動です。全体の流れを把握しておきましょう。

◢ セキュリティ対策の流れ

リスクアセスメント	リスク特定	リスクを発見、認識する。原因と結果の特定も含む。
	リスク分析	リスクの特質を理解、リスクを算定し、リスクレベルを決定する。
	リスク評価	リスクの大きさが受容可能かを、リスク分析とリスク基準の比較によって判断する。

リスク対応	リスク回避	リスク要因をなくす。
	リスク最適化	技術的な対策などで、リスクを軽減する。
	リスク移転	リスクを他者に転嫁する。
	リスク保有	リスクを持ち続ける。

| 残留リスクの受容と承認 | リスク対応後に残っているリスクが受容可能なものであることを確認します。 |

| リスクコミュニケーションと協議 | リスクをマネジメントするに際して、情報の共有や、ステークホルダ（利害関係者）との対話を行う |

けっこう長いですね。

　丸暗記しようと思うといやになってしまいますが、要は、①リスクを見つけて、②大きさを考えて、③その大きさが我慢できる範囲か決め、④もし我慢できない大

きさなら対策し、⑤対策の結果、我慢できる大きさになったか確かめ、⑥情報共有や対話をする、ということです。

このプロセスは永続的に繰り返して、「情報セキュリティを継続」していかなければなりません。セキュリティを永続させるためのしくみとしての**情報セキュリティマネジメントシステム (ISMS：Information Security Management System)** は別の節で説明しますね。

流れとしてはとても合理的で、この順番しかあり得ないと思うんですよ。だから理解しやすいです。暗記より理解で進めたい分野です。

ポイントはありますか？

リスク分析を自社にあったやり方で精緻に行う詳細リスク分析は効果が高い反面、高いスキルの要員を要したり、高コスト・長期間に及びます。そこで、標準化された手法を使う**ベースラインアプローチ**がよく使われています。

リスク基準は簡単に決められない

リスク評価のところで、リスク基準 (受容水準) が出てきます。これは、どのくらいのリスクなら飲めるのか、ということです。

業界ごと、会社ごとにこの水準は違ってきますから、リスク基準を決めるのは会社の経営層の重要な仕事です。会社全体を見渡せる立場にないと下せない判断なので、1 セキュリティ担当者が決めるわけではないことに注意してください。

■ リスク基準 (受容水準) のイメージ

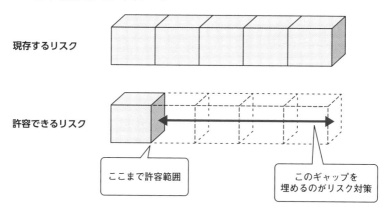

現存するリスク

許容できるリスク

ここまで許容範囲

このギャップを
埋めるのがリスク対策

リスクの分け方はいろいろある

リスクに種類ってあるんですか？

　いろいろな分け方がありますが、**純粋リスク**と**投機的リスク**は代表例です。純粋リスクは単に危険なだけのリスクで、避けるに越したことはありません。それに対して投機的リスクは、リスクを取った結果として利益を得る可能性があるものです。企業を経営していく上で、投機的リスクを完全に回避することは難しいと考えてください。

リスク対応のところに色々書いてありますが。

　リスク対応の4類型ですね。確認しておきましょう。
　リスク基準を超えたリスクがある場合、何らかの対応を行ってリスクをリスク基準内に収める活動をしなければなりません。これがリスク対応です。
　リスク対応の手段は4つに分類することができます。

✐ リスク対応の手段

	リスクの概要	対応の手法	適用するリスク	
			発生頻度	被害額
リスク回避	リスク要因をなくす。	市場からの撤退	大	大
リスク最適化	技術的な対策などで、リスクを軽減する。	バックアップ、冗長化	大	小
リスク移転	リスクを他者に転嫁する。	保険、アウトソーシング	小	大
リスク保有	リスクを持ち続ける。	対応資金の確保	小	小

　リスク回避は、リスク要因をなくしてしまうことです。倒産リスクがあるならば、会社をたたんでしまえば回避することができます。うまくはまれば絶大な効果がありますが、いっぽうで副作用も大きなやり方です。会社をたたむと、得られたかもしれない利益の可能性を手放すことになりますし、なんでもかんでもリスクを回避できるわけではありません。

リスク最適化は、多くの人がイメージするセキュリティ対策です。技術的、手順的なあの手この手を駆使して、リスクが小さくなる工夫を積み重ねます。データのバックアップは典型的なリスク最適化です。オリジナルのデータだけだと、データが消えるリスクが大きいですが、コピーを複数取得しておくことで全滅する可能性をゼロに等しくできます。

　リスク保有は、リスクを持ち続けることです。リスク基準内のリスクはもとより持ち続けていますが、リスク基準を超えるリスクであっても、効果よりも対策コストの方が大きいと判断すればリスク保有の結論に至ることもあります。リスクが顕在化し、損害を補填したとしても、対策費を下回るようなケースです。

> 何にも対策しないと、全部リスク保有になっちゃうんですかね。

　リスクに気づかず見過ごしていたようなケースを「リスク保有」とは言わないので、それはちょっと違います。また、リスクを保有する判断は、単に損失補填額だけでは決められないので、そこも注意です。
　「対策費をかけるよりも、損失補填のほうが安くすんだ。でも、会社の信用が傷ついたので、その後の仕事がこなくなってしまった…」なんてことは、よくあります。情報資産の項でも出てきたように、会社の信用はまさに守るべき情報資産ですから、広い視点でリスク分析を行うことが大事です。

　リスク移転は、誰かにリスクを肩代わりしてもらう方法です。

> そんな都合のいいことできるんですか？
> みんな移転しちゃえばいいじゃないですか！

　ほんとは自分が告白しないといけないのに、誰か友だちに、自分の代わりに告白してもらったことはないですか。

> ないっす。

　あ、そうですか。まあ、そういうのがリスク移転です。告白の場合は、がっかりする気持ちを他人に肩代わりしてもらうんですよ。

ビジネスではそうそう肩代わりしてもらえないので、お金を払います。**保険**です。保険料を支払っておくことで、何かあったときの巨額の必要資金を保険会社が肩代わりしてくれるわけです。

◤ リスク対応の選択

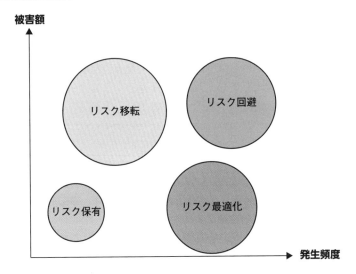

　どんなリスク対応を選択すれば良いかは、リスクが顕在化したときの被害額と、顕在化の発生頻度である程度決まっています。たとえば、被害額も発生頻度も大きなリスクであれば、リスク回避を検討します。

　また、リスク対応をするときは、講じた対策によって新たなリスクが発生しないかをよく確認します。たとえば、OSのセキュリティパッチを導入するとOSの脆弱性を軽減できますが、アプリケーションが動作しなくなるなどの新たなリスクが生じる可能性があります。

ISMS（情報セキュリティマネジメントシステム）

ここはオレに任せておけ！は絶対ダメ

マネジメントシステムとは

　情報セキュリティは網羅的、体系的、持続的に取り組まないと、手間ばかりかかって効果が上がりません。そのためには、マネジメントシステムが必要です。また、マネジメントシステムだけを作り上げても、担当者によってやっていることが違ったり、取り組みが形骸化することがあります。そこで、何を目標にどんなことをするのかを明文化した、セキュリティポリシーも必要になります。
　情報セキュリティマネジメントシステムと**情報セキュリティポリシー**は、セキュリティ対策を進めていく上での2つのエンジンです。これを中核の力として、各種のセキュリティ施策が進められていきます。

　　なんだか、めんどくさそうですね。

　そうなんですよ。でも、セキュリティを進める上で良くないのが、**属人化**です。「1人のセキュリティ担当者が、すべてのセキュリティの面倒を見ています」といった状態だと、見過ごしもあるでしょうし、その人が欠席するとセキュリティの穴が生じます。最悪の場合、その人が不正をすればすべてが水の泡です。したがって、システム化するわけです。
　システムを動かすには根拠が必要なので、それをまとめたのがセキュリティポリシーです。何らかの決まりがないと、組織やルールって動かないじゃないですか。

　　マネジメントシステムはどんなふうに作るんですか？

　それぞれの組織がそれぞれの業務に合わせて作ればいいのですが、大変ですし、我流だと考慮漏れも出ます。そこで情報セキュリティマネジメントシステムを作るのに必要なあれやこれやを標準化したのが、**JIS Q 27000**シリーズです。

■ 情報セキュリティマネジメントシステム関連規格

	国際標準	国内標準
認証基準	ISO/IEC 27001	JIS Q 27001
ガイドライン	ISO/IEC 27002	JIS Q 27002

　もともとはISO/IEC 27000シリーズが国際標準規格で、それを和訳したのが
JIS Q 27000シリーズだと考えてください。用語を定義したJIS Q 27000や、
ガバナンスについて述べたJIS Q 27014、クラウドについて定めたJIS Q
27017などがありますが、試験対策上、最も重要なのは**認証基準**のJIS Q
27001と、**ガイドライン**のJIS Q 27002です。

認証基準とガイドライン

　JIS Q 9001（品質マネジメントシステム）やJIS Q 14001（環境マネジメント
システム）を聞いたことがあるかもしれません。こちらは、品質管理や環境管理に
取り組むときに使われます。品質や環境に力を入れている企業が広告などに「認証
取得！」と書いているのを見たことがあると思います。

認証基準って何ですか？

　情報セキュリティマネジメントシステムがちゃんと規格に沿って構築されている
かどうかを、第三者が判定するしくみです。日本ではJIPDECが運用していて水準
に達していると認証が得られます。取らなきゃいけないってものではないですが、
セキュリティに取り組んでいることはアピールできますね。

さっき出てきた、ガイドラインというのは？

　ベストプラクティスとも呼ばれますが、成功例の詰め合わせです。いきなりしく
みと規程を作れと言われても困りますから、他人の成功例で勉強できるようになっ
ているわけです。ガイドラインは次節で説明する**情報セキュリティ対策基準**として
も使えるようになっていますよ。

具体的に何をするんですか？

　セキュリティポリシーにしたがって、PDCAサイクルを回していくのが基本です。セキュリティ対策を企画し、実行し、効果があったかチェックし、改善すべき点があれば次の企画に盛り込みます。

　ソフトウェア開発でもそうですが、PDCAサイクルってC（チェック：検査）やA（アクション：改善）のところで詰まるんです。企画や実行に比べたら地味で評価されにくい仕事ですし、だからこれが確実に実行されるようにポリシに組み込んでおきます。

　あとはセキュリティ対策を実際に行っていくための部隊（決まった名前はありませんが、本試験では「**セキュリティ委員会**」などと呼ばれます）に、偉い人が入っていることが重要です。

　「セキュリティに詳しい人」を集めると、権限がなかったり、企業全体を見渡すポジションではない人が委員会に集まることが多いのですが、セキュリティ対策は面倒なので、権限がないとなかなかみんなが言うことを聞いてくれません。効果的な対策を打つために、全社の仕事の流れを把握していることも大事です。

LESSON 03 情報セキュリティポリシー

▶▶▶ 共有してほしい

セキュリティポリシーをつくる意味

セキュリティの取り組みは、全社でやらないと意味がありません。セキュリティは中間点がもらいにくいんです。ドアが10個あって、8個には鍵をかけたから80点です、というふうにはならない。

> 悪い人は鍵をかけてないドアを狙ってきますもんね。

そうです。全社で取り組むには、何を目的に何をするのかをみんなで共有しないといけません。そこで作られるのが**情報セキュリティポリシー**です。詳しくない人が読んでも、「この企業はちゃんとセキュリティに取り組んでいそうだな」と判断できたり、「この手順を守っていれば、ひどい事故は起こらないか、起こっても早めに対処できるぞ」という状況を作るんです。

> すごく大事な文書で、作ることが推奨されていると聞きました。
> でも、そんなに大事で有用なら、なんで法律にしないんですか？

法律はすべての組織に一様の網をかけるので、ゆえに絶大な効果があるとも、使いにくいとも言えます。セキュリティは組織によって、何を目的にするのか、どのくらいの安全基準を達成するのか、どんなことをやればいいのかがかなり違うので、むずかしいです。ですので、組織ごとにセキュリティポリシーを作るんです。

ポイントは、ISMSのところでも説明したように、マネジメントシステムとポリシーが両方存在して、かみ合って動くことです。セキュリティ対策は、たいてい今までの業務手順に何かを加えるのでめんどうです。決め事だけ作っても、まず守ってもらえません。そこで、ちゃんとみんなでポリシーを守って仕事をし続けるしくみであるマネジメントシステムとの組み合わせが重要です。

▟ マネジメントシステムとポリシーのイメージ

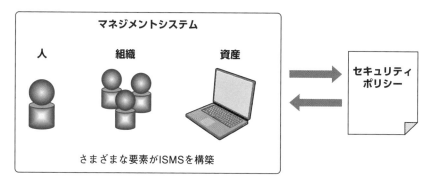

　情報セキュリティポリシーは3階層の文書として作るのが一般的です。それぞれ役割が違うんです。

▟ 情報セキュリティポリシーの3階層

情報セキュリティ方針	会社としてのビジョンを短く示す
情報セキュリティ対策基準	基本方針を具体的な対策に落とし込む
情報セキュリティ対策実施手順	さらにかみ砕いたマニュアル

▟ 3階層のイメージ

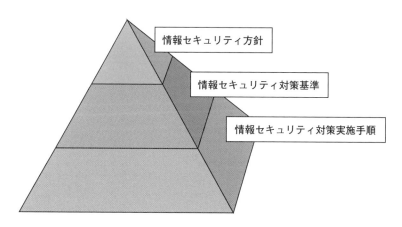

なんで3つに割るんですか？

　わかりやすくするためです。憲法と法律の関係がそうですよね？　憲法はビジョンを示し、具体的な決め事は法律に委ねます。セキュリティポリシーも、基本方針でビジョンを示し、対策基準で具体化します。

　顧客は基本方針でその会社のセキュリティ水準や取り組み方針を知り、中間管理職は事業部で実施すべき具体的施策を理解します。ぜんぶひっくるめてセキュリティポリシーですが、基本方針と対策基準だけをセキュリティポリシーということもあります。その場合、対策実施手順はセキュリティプロシージャといいます。マニュアルですね。

　上位の文書ほど有効期間は長く、文書は短くなります。下位の文書はマニュアルですから改訂の機会も、文書量も多くなるんです。

全部作るのは大変そうですね。

　1から作るのは大変です。でも、「セキュリティポリシーを作ろう」と考えるような企業なら、これまでにも社内規程は整備してきたはずです。何から何まで新たに作るのではなく、すでにある内規があればそれを参照・引用すればOKです。他の社内文書との整合性と罰則規定が大事と言われています。罰のないルールは、誰も守りたがらないので。

情報セキュリティインシデント管理

> ▶ 何事も初動が肝心です

インシデント発生時にやるべきこと

　どんなに対策していても、**セキュリティインシデント**は起こります。起こること
は仕方がないとして、どのような初動処理をするかでその後の結果が変わってきま
す。

　最初に考えることは、被害の拡大防止と証拠保全です。

　不正侵入や**マルウェア**汚染であれば、当該コンピュータをネットワークから切り
離すことで他の端末への汚染拡大を防ぎます。また、コンピュータをシャットダウ
ンしてはいけません。メモリにしか証拠を残さないタイプのマルウェアの痕跡が消
えてしまうからです。

> そうは言っても、焦ってたら消しちゃいますよ、きっと。

　そうなんですよ。だからふだんからインシデント対応マニュアルを整備しておく
ことが大事です。人間は焦ると本当にろくでもないことをしでかすんです。自分の
判断で行動せず、他の人に知らせて、マニュアルに従って行動します。事故が起き
た時って隠したくなるんですけど、真逆のことをするんです。

　インシデント発生時になにをするかは立場によっても違いますが、本試験で一般
利用者としての行動を問われたときは、「とにかく管理者に報告して指示を仰ぐ」と
解答します。

> あのー、またガイドラインみたいなやつがあるんですか？

　初動処理そのもののガイドラインではないですが、よく出題に絡められるのが
ITIL（Information Technology Infrastructure Library）と、それに認
証基準を追加して国際規約化した**ISO/IEC 20000シリーズ（JIS Q 20000-
1、20000-2）**です。ISMSなどと構成が似ていて、20000-1が認証基準で、
20000-2がガイドラインです。

これはサービスマネジメントの規格で、サービスを提供するならサービスデスク（ヘルプデスク）を置かなきゃダメだぞとか、サービスデスクで解決しなかったらエスカレーションするぞといったことが書いてあります。

エスカレーションって何ですか？

「おまえじゃ話にならないから、上司を呼んでこい！」とか言ってるおじさんを見たことがありませんか。あれはエスカレーションを要求してるんですよね。もっと権限のある人に変わってもらって、問題を解決しようと。

かといって、最初から偉い人を窓口に座らせておくのもコスパが悪いので、最初の窓口はAIやFAQで、それで問題が解決しなければ人間の担当者、それでもだめなら上司とエスカレーションしていくのが一般的です。

SLAはサービスの水準を合意する

JIS Q 20000-1で決められている重要な要素に、**サービスレベルアグリーメント（SLA：Service Level Agreement）** があります。サービス水準合意とも訳されます。

何を合意するんですか？

そのサービスの水準です。サービスって、プロダクト（製品）を違って、品質を可視化しにくいんです。製品なら「10個入のはずが9個しか入ってない」「画面が壊れてる」など、不満がわかりやすいのですが、サービスの場合は「どうもつながりにくい」「今日は遅い気がする」で終わってしまって、釈然としない気分になります。

何やら実感がこもっていますね。

そこで、「通信速度は1時間平均で1GBps以上」とか、「それが守られなかったときは、料金を50％割引」などとやるのがSLAです。もちろん、すべてのサービスにおいて品質を定量化できるわけではありませんが、そこを目指して公平・平等な契約をすることは大事です。

近年はSLAに限らず法的及び契約上の要求事項の順守が厳しく求められています。JIS Q 27002の18.1にも、「法的及び契約上の要求事項の順守」という項目があります。

　サービスマネジメントの規約に、インシデントのことが混じってるんですか？

　そうです。サービスにインシデントはつきものですから、どう処置するかマネジメントシステムに組み込んでおくんです。ポイントとして、インシデント管理と問題管理の区分け（補講参照）をつけられるようになっておきましょう。

LESSON
05 CSIRT、SoC

> シーサートってRPGのキャラっぽいですよね

CSIRTの分類

CSIRT(Computer Security Incident Response Team)は情報セキ
ュリティインシデント対応チームなどと訳されます。ちょっと扱いづらい言葉なん
ですよ。

> 字面からはセキュリティインシデントに対応する
> チームかなって、わかるんですが。

そうなんですけど、日本のCSIRTの元締めであるJPCERT/CCが作っている
CSIRTガイドをご覧ください。

◢ CSIRTの分類

分類	概要
組織内CSIRT	組織にかかわるインシデントに対応する、企業内CSIRT。企業規模にもよるが専任のチームを持つことは難しい。チームメンバは兼任で構わない。
国際連携CSIRT	国や地域を対象とするCSIRT。国を代表するCSIRT。
コーディネーションセンター	他のCSIRTを対象に、CSIRT間の情報連携や調整を行う。
分析センター	親組織に対して、インシデントの傾向分析やマルウェアの解析を行う。
ベンダチーム	自社製品の利用者が対象。自社製品の脆弱性を見つけ、パッチの配布などを行う。
インシデントレスポンスプロバイダ	CSIRTの機能を有償で請け負うサービス。セキュリティベンダが提供する。

JPCERT/CC『CSIRTガイド』をもとに筆者作成
https://www.jpcert.or.jp/csirt_material/files/guide_ver1.0_20211130.pdf

世界と渡り合って華々しく活躍する組織から、小組織のセキュリティ尻拭いチー
ムまで、全部CSIRTなんです。人によって思い浮かべるイメージが違うので、要注
意です。

本試験ではどんなふうに出題されるんですか？

それはもう圧倒的に**組織内CSIRT**です。セキュリティインシデントが発生したので、CSIRTがどうしたこうしたというシナリオが科目Bで出てきます。

ただ、CSIRT特有の知識が必要という問題はあまりありません。ふつうに初動処理したらこうなりますよね、担当部署のことをCSIRTって言っていますよ、くらいの設問が多いです。

■ 問題イメージ

実施案は、R課長からCSIRT責任者である情シス担当取締役に報告され、承認の上で実施された。

こんな具合です。このような問題では、解答を作るのにCSIRTの知識はいりません。

■ CSIRTのメリットのイメージ

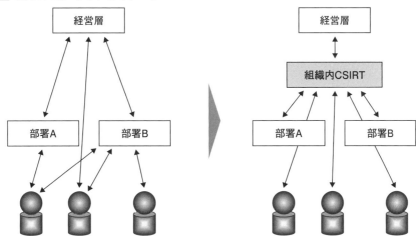

JPCERT/CC 『CSIRTガイド』をもとに筆者作成
https://www.jpcert.or.jp/csirt_material/files/guide_ver1.0_20211130.pdf

CSIRTでおさえておくべきなのは、組織内にこれがあると知識共有が進み、対応の粒を揃えることができますよ、ということです。部署Aにヘルプを頼んだ人は

失敗して、部署Bに泣きついた人はなんとかなった、などのブレが生じません。

似た用語に**SOC（Security Operation Center）**があります。

チームに対して、センターですか。

そうなんですよ、SoCの方がより技術色が強く、専門的です。CSIRTは規模によっては社内の窓口として機能している現場に寄り添った組織ですが、SOCは高度な専門知識を有して、セキュリティ機器の調達から設置、運用までにかかわるイメージです。

もちろん、インシデント発生時には保全処置をしたり、ログを待避するなど対応の中心になって活躍します。

大企業では、攻撃者の節でも触れた**ホワイトハッカー**を雇ってSOCの要員としている例もありますが、多くの中小企業ではそんな余裕がないのが実態です。

そのため、IPAは「サイバーセキュリティお助け隊サービス」を運営していて、自社内にSOCがない中小企業や個人が、基準をクリアしたSOC事業者のサービスに低廉な価格でアクセスできるようにしています。

セキュリティ技術評価

ISO/IEC15408、JISEC

比較されたくないときもありますが

IT機器だけじゃないセキュリティ水準

　本試験ではマネジメントシステムに関する標準規約がよく出題されます。ところが、この**ISO/IEC15408**（コモンクライテリア）はちょっと毛色が違うので混同しないように注意してください。

　どの辺が違うんですか？

　ISO/IEC15408は製品そのものが持つセキュリティ水準を表すんです。評価する対象も、必ずしもIT機器に限定されません。そこで、**TOE（Target Of Evaluation：評価対象）**という用語が使われます。

　ISO/IEC15408は3つのパートの文書で成り立っているので、概要を見ておきましょう。

☑ ISO/IEC15408の概要

パート1 概説と一般モデル	予備知識を得ることと、開発中に参照することを想定して書かれている。 同一分野の製品に汎用的に適用できる共通の仕様書（PP：セキュリティ要求仕様書）と、それを元に個々の製品のセキュリティ仕様を記述するST（セキュリティ基本設計書）の2つを覚えておこう。
パート2 セキュリティ機能 コンポーネント	セキュリティ製品に実装すべき機能要件が具体的に示されている。 セキュリティ監査や暗号サポートなど11項目の機能クラスが定義されており、開発するシステムの要件定義を解釈するために参照する。
パート3 セキュリティ保証 コンポーネント	機能要件がどの水準まで満たされているかを、9項目のクラスごとに評価・表示する。水準を表す指標はEAL（評価保証レベル）という。EAL1〜EAL7までが用意されていて、EAL1が最も低い水準、EAL7が最も高い水準を示している。

　ここでEALについて補足しますね。

◤ EAL（評価保証レベル）

EAL1　機能テスト	正しい運用についてある程度の信頼が要求されるが、セキュリティへの脅威が重大とみなされない場合に適用される。開発者の支援がなくても実施でき、低コスト。特定のセキュリティ機能を持つことが要求される。
EAL2　構造テスト	古いシステムで完全なドキュメントなどがない場合などに適用される。基本的な攻撃能力を想定した脆弱性分析などを実施する。開発環境における構成管理などが要求される。
EAL3　方式テスト、及びチェック	良心的な開発者が、既存の適切な開発方法を大幅に変更することなく、評価対象の完全な調査を要する状況で適用される。テストの網羅性やTOEの改ざん防止機構などが要求される。
EAL4　方式設計、テスト、及びレビュー	厳格ではあるが、多大な専門知識、スキル、及びその他の資源を必要としない正常な商業的開発習慣に基づいて、有効なセキュリティエンジニアリングから最大の保証を開発者が得られるようにする。既存の製品ラインへの適用が経済的に実現可能であると思われる最上位レベルである。
EAL5　準形式的設計、及びテスト	最初からEAL5を達成する意図と予算がないと実現が難しい水準。構造化され分析可能なアーキテクチャや、さらに高度なTOEの改ざん防止機構などが要求される。
EAL6　準形式的検証済み設計、及びテスト	リスクが高く、そのためにコスト増加が正当である状況で適用される。EAL5よりさらに広範囲な分析、実装の構造化表現、脆弱性評定、構成管理、開発環境の管理が要求される。
EAL7　形式的検証済み設計、及びテスト	リスクが非常に高い状況及び／または資産の高い価値によってさらに高いコストが正当化されるシステムに適用される。数学的検証を伴う形式的検証、包括的な分析が要求される。

第3章　セキュリティ技術評価

おどろおどろしい言葉が並んでいますね。

　一般的なシステムとしてはEAL3〜4が適切と言われていますが、その時々の状況によっても変わるので参考程度に考えてください。

　ISO/IEC 15408は日本でも**JIS X 5070**として翻訳して使われています。認証のしくみ（**ITセキュリティ評価及び認証制度：JISEC**）はIPAが運用していて、具体的にはベンダがシステムを開発して民間の評価機関に評価を依頼し、その結果を製品評価技術基盤機構が認証します。政府調達などで活用されています。

◢ ISO/IEC 15408認証の手順

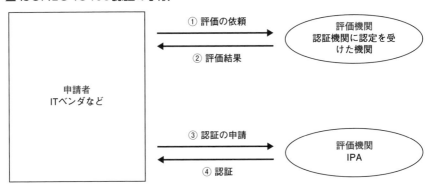

IPA Webサイトなどをもとに筆者作成
https://www.ipa.go.jp/security/jisec/about_cc.html

LESSON 02 電子政府推奨暗号リストと暗号モジュール試験及び認証制度

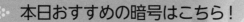

本日おすすめの暗号はこちら！

電子政府推奨暗号リスト

電子政府推奨暗号リスト（CRYPTREC暗号リスト）というのがあるんですよ。

政府が暗号を薦めてくるんですか？

　まあそうです。暗号は今や情報システムの要なので、危殆化した暗号を使ってるとシステム全体がハイリスクになってしまいます。といって、一般の組織や個人が世界的な暗号市場の様子を把握するのも難しいので、「これを使ってください」というリストです。
　もっとも、暗号だけではなくて、ハッシュ関数（第5章で解説）やメッセージ認証符号（MAC）（第5章で解説）のおすすめもリストアップされています。

　公開鍵暗号はRSAがまだまだ現役で、共通鍵暗号は我らがAESです。

DESって古いとか言ってませんでしたか？

　共通鍵暗号としてのDESは危殆化が進んでいます。実は電子政府推奨暗号リストは、おすすめの暗号だけでなく、今後おすすめになりそうな暗号のリスト（**推奨候補暗号リスト**）や、互換性を保つために使ってもいいけどそろそろやばいよリスト（**運用監視暗号リスト**）も含んでいるのですが、DESの強化版であるトリプルDESも運用監視暗号リストに掲載されています。

◢ 電子政府推奨暗号リスト（CRYPTREC暗号リスト）

技術分類		暗号技術
公開鍵暗号	署名	DSA
		ECDSA
		RSA-PSS
		RSASSA-PKCS1-v1_5
	守秘	RSA-OAEP
	鍵共有	DH
		ECDH
共通鍵暗号	64ビットブロック暗号	該当なし
	128ビットブロック暗号	AES
		Camellia
	ストリーム暗号	KCipher-2
ハッシュ関数		SHA-256
		SHA-384
		SHA-512
暗号利用モード	秘匿モード	CBC
		CFB
		CTR
		OFB
	認証付き秘匿モード	CCM
		GCM
メッセージ認証コード		CMAC
		HMAC
認証暗号		該当なし
エンティティ認証		ISO/IEC 9798-2
		ISO/IEC 9798-3

電子政府における調達のために参照すべき暗号のリスト（CRYPTREC暗号リスト）
https://www.cryptrec.go.jp/list/cryptrec-ls-0001-2012r7.pdf

◢ 運用監視暗号リストに含まれている主な技術

分類	暗号技術
共通鍵暗号	トリプルDES
ハッシュ関数	SHA-1
メッセージ認証コード	CBC-MAC

◢ 推奨候補暗号リストに含まれている主な技術

分類	暗号技術
公開鍵暗号	EdDSA
共通鍵暗号	MISTY1
ハッシュ関数	SHA-3

暗号モジュールの実装を問うJCMVP

暗号モジュール試験及び認証制度（JCMVP：Japan Cryptographic Module Validation Program）は、電子政府推奨暗号リストと密接に結びついています。暗号モジュールは「認められた暗号」を使っていればいいというものではなくて、ちゃんと実装してはじめて機能します。

その「ちゃんと実装」しているかどうかを確かめる制度がJCMVPです。暗号モジュールセキュリティの国際規格**ISO/IEC 19790（JIS X 19790）**に準拠しています。

> JISECと響きが似ているような。

実際に運用形態や申請の流れはほぼ一緒です。IPAが認めた機関が試験を行い、その結果をIPAが認証します。政府調達の要件にもなっています。

PCI DSS

> 試験に出したいネタってあるんです

クレジットカードのセキュリティ標準

PCI DSS (Payment Card Industry Data Security Standard) は、
クレジットカードのデータセキュリティ標準といった意味合いです。

> クレジットカードにまつわる基準なら、
> きっと厳しいんでしょうね。

なぜか情報処理技術者試験の出題者は、昔からPCI DSSが好きなんです。重要
な規約という意味合いもあるでしょうが、けっこう具体的に書いてあって、実務に
も役立ちそうなんですよ。試験うんぬん以前に、現場で使って欲しいんでしょうね。
そういう系の出題ってあるんですよ、「これ普及させたい！」みたいな。

> 作った人には悪いけど、役に立たなそうな規約や基準って
> ありますもんね。

PCI DSSはそういうのとは無縁です。ただ、そんなに突っ込んだ設問はないので、
さらっと見ておけば大丈夫ですよ。過去の出題もこのくらいの難易度でした。

◢ 過去問イメージ

問　クレジットカードなどのカード会員データのセキュリティ強化を目的として制定さ
　　れ、技術面及び運用面の要件を定めたものはどれか。

　ア　ISMS適合性評価制度
　イ　PCI DSS
　ウ　特定個人情報保護評価
　エ　プライバシーマーク制度

確かにこれは特別な知識はいりませんね。

　あまりガリガリ暗記する必要はありません。情報処理技術者試験で効率よく合格するためには、必要のない勉強をしすぎないことも大事です。

◤ PCIデータセキュリティ基準（概要）

安全なネットワークとシステムの構築と維持	1. ネットワークのセキュリティコントロールを導入し、維持します。 2. すべてのシステムコンポーネントに安全な設定を適用します。
アカウントデータの保護	3. 保存されたアカウントデータを保護します。 4. オープンな公共ネットワークでカード会員データを伝送する場合、強力な暗号化技術でカード会員データを保護します。
脆弱性管理プログラムの維持	5. すべてのシステムとネットワークを悪意のあるソフトウェアから保護します。 6. 安全性の高いシステムおよびソフトウェアを開発し、保守します。
強力なアクセス制御手法の導入	7. システムコンポーネントおよびカード会員データへのアクセスを、業務上必要な適用範囲に制限します。 8. ユーザを識別し、システムコンポーネントへのアクセスを認証します。 9. カード会員データへの物理的なアクセスを制限します。
ネットワークの定期的な監視およびテスト	10. システムコンポーネントおよびカード会員データへのすべてのアクセスを記録し、監視します。 11. システムおよびネットワークのセキュリティを定期的にテストします。
情報セキュリティポリシーの維持	12. 事業体のポリシーとプログラムにより、情報セキュリティを維持します。

https://listings.pcisecuritystandards.org/documents/PCI-DSS-v4_0-JA.pdf

　最低限の要素として、6つのカテゴリに対して、12の要件が定められていることを覚えておきましょう。

「システムパスワードおよび他のセキュリティパラメータにベンダ提供のデフォルト値を使用しない」なんて、めっちゃ具体的ですね。

　これはまだ概要ですけど、もっと具体化した部分では「カード会員データ環境に接続されているすべてのワイヤレスベンダのデフォルトを変更する」とか、暗号化キーの知識を持つ人物が退社するたびに、そのキーが変更されていることを確認する」とか書いてあって、他分野でもセキュリティ系の午後問題全般の対策文章をたくさん読むのが苦にならない方は、試してみてもいいかもしれません。

CVSSとペネトレーションテスト

やられっぱなしではいけない

CVSSの3つの基準

「システムへの攻撃」が一つのビジネスとして成立する状況では、それを守る側の立場では状況の共有が極めて大事です。

攻撃者は職業として脆弱性を調べ抜くのに対して、防御側はどうしても本業の片手間に関わらざるを得なかったり、技術とタイミングを選べる攻撃者と比べると、受動的にそれに応じざるを得ない防御側はどうしても不利になります。

そこで、世界的に統一された脆弱性評価の手法と、脆弱性情報を蓄積するデータベースが作られました。

それが**CVSS (Common Vulnerability Scoring System：共通脆弱性評価システム)** です。国やベンダに依存せず、脆弱性を評価するしくみです。3つの基準を使います。

✓ CVSSの3つの基準

基本評価基準	脆弱性そのものの特性を評価する。機密性、完全性、可用性をネットワークから攻撃可能かどうかを見極め、CVSS基本値と呼ばれる値に変換する。脆弱性固有の深刻さがこの値でわかる。使う環境などで値が変化しないのが特徴。
現状評価基準	脆弱性の現在の深刻度を評価する。エクスプロイト（攻撃コード）がすでに出回ったか、対策情報があるかを見極め、CVSS現状値を算出する。脆弱性への対応が進むなどの理由で変化する値。
環境評価基準	最終的な脆弱性の深刻度を評価する。製品の利用環境や二次的な被害の大きさ、組織の中で製品をどう使っているかを見極め、CVSS環境値を算出する。利用者ごとに変化する値。

3つも基準がありますけど、どれを使うんですか？

利用者視点では環境評価基準を使います。基本評価基準はベンダが脆弱性そのものを評価するときに、現状評価基準は同じくベンダが現状を評価するときにつかうものです。それぞれはさらにブレイクダウンすることができ、たとえば現状評価基

準は攻撃される可能性、利用可能な対策のレベル、脆弱性情報の信頼性から成り立っています。

CVE（Common Vulnerabilities and Exposures：共通脆弱性識別子） も見ておきましょう。脆弱性情報がベンダごとなどにバラバラ（ベンダAがXと言っている脆弱性とベンダBがYと言っている脆弱性が同じなど）になってしまわないように共通管理するためのID及びデータベースで、アメリカ政府が非営利団体を支援して運用しています。

日本での同様の試みとして**JVN（Japan Vulnerability Notes：脆弱性対策情報データベース）** があり、JPCERT/CCとIPAが共同で運用しています。

擬似的に攻撃するテスト

自社システムに脆弱性がないかは、常にセキュリティ管理者が頭を悩ませるところです。脆弱性検査の方法はレビューなど各種用意されていますが、本試験で一番出てくるやつは何でしょう？

脆弱性検査、聞いたことあります。
ペネトレーションテストですね！

はい、攻撃者が実際に使うテクニックを用いての疑似攻撃：**ペネトレーションテスト**が有名で、よく出題対象になります。

実際に問題を発見できる確率も高く、よく普及しています。机上レビューよりは、擬似的に攻撃してしまった方が問題点をあぶり出せますね。

これって、実施は難しいんじゃないですか？

セキュリティ事業者に頼めばやってくれますし、近年では検査用のツールも充実しているので、自社内でペネトレーションテストを実施するハードルも下がりました。

むしろ、業務に影響を及ぼさないように実施するように気を配る点が出題されます。擬似的とはいえ「攻撃」をするので、IDSやIPSに引っかかってアラートが鳴り響いたり、担当者が駆けつけたりする可能性があるわけです。

どんなふうに対策するんですか？

　ペネトレーションテストを行うことを周知します。抜き打ちの方が組織の力量を試せたり、本当の脆弱性がわかるという意見もありますが、一般的にはデメリットが大きいと考えられています。セキュリティ監査と同じで、チェックされる側とコミュニケーションを取りながら実施します。

第4章

セキュリティ対策

マルウェア・不正プログラム対策

> ノーガードって絶対ダメです

マルウェア対策の基本

　この節はマルウェア対策についてお話をしていきます。マルウェアは以前にやりましたよね。

> ウイルスは紛らわしいからマルウェアって呼ぶ……って話でしたね。

　そうです。悪意のあるソフトウェアは本当にスタンダードな攻撃手段で、常にわれわれは攻撃のリスクに晒されていると考えてください。ソフトウェアはコンピュータに対する指示命令の集まりですから、悪意のあるソフトウェアが自分のコンピュータで動いてしまえば、情報資産を思い通りにされてしまいます。
　マルウェア対策の基本は、セキュリティ対策ソフトを使うことです。

> メール添付やファイル共有などを使ってコンピュータに侵入しようとするマルウェアを見つけてくれるんですよね。

　はい、見つけ方とその限界をおさえておくと、得点力になります。セキュリティ対策ソフトがマルウェアを発見する方法は原則としてパターンマッチングです。

◤ パターンマッチングのしくみ

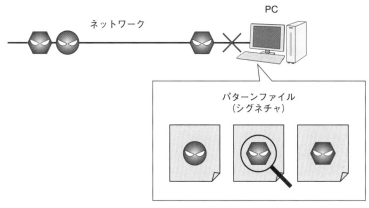

パターンファイル
（シグネチャ）

ウイルス対策ソフト

　過去のマルウェアの特徴をデータベース化するんです。このデータベースのことを**パターンファイル**や**シグネチャ**と呼びます。

　メールなどを媒介してコンピュータに入り込もうとするマルウェアを、パターンファイルとの比較で見つけて、隔離措置や削除措置を行います。とても優秀な機能ですが、限界はどこにあるでしょう？

> すでに発見されたマルウェアの特徴を元にしているから
> ……未知のマルウェアは発見できない？

　その通りです。また、セキュリティベンダがマルウェアを発見していても、対策がまだない状態（**ゼロデイ**）だったり、ベンダはせっかくパターンファイルを更新してくれているのに、利用者がそれを取得していなかったりとさまざまな失敗パターンがあります。

　近年では新規パターンファイルの取得は自動化されているので、「更新し忘れ」が出題されることはなくなりましたが、「何らかの理由でダウンロードできなかったため、マルウェアを発見できなかった」は王道の出題です。コンピュータウイルス対策基準にも運用のポイントが書いてあります。

- 外部より入手したファイル及び共用するファイル媒体は、ウイルス検査後に利用すること
- ウイルス感染を早期に発見するため、最新のワクチンの利用等により定期的にウイルス検査を行うこと
- 不正アクセスによるウイルス被害を防止するため、パスワードは随時変更すること
- 不正アクセスによるウイルス被害を防止するため、システムのユーザIDを共用しないこと
- 不正アクセスによるウイルス被害を防止するため、アクセス履歴を確認すること
- システムを悪用されないため、入力待ちの状態で放置しないこと
- ウイルスの被害に備えるため、ファイルのバックアップを定期的に行い、一定期間保管すること

また、自分自身に余分なコードを追加したり、暗号化したりすることでパターンマッチングをすり抜ける**ミューテーション型マルウェア**も存在します。

パターンマッチング以外に、マルウェアの見つけ方はないんですか？

未知のマルウェアも発見できるように、いくつかの方法が提案されてきました。

ヒューリスティック法（静的ヒューリスティック法）

「いかにもマルウェアがやりそうなこと」がプログラムに含まれていないかチェックすることで、検査対象のファイルがマルウェアかどうかを判断する。

◢ ビヘイビア法 (動的ヒューリスティック法)

実際に動いているソフトウェアの振る舞いを監視し、マルウェアに特徴的な動作（管理者権限を奪取しようとするなど）を検出することで発見する。

LESSON 02 不正アクセス対策

攻撃は最大の防御なんて通用しません

絶対の対策がない

この節では不正アクセス対策について考えていきましょう。

> 不正アクセスを防ぐには、どんな方法がありますか？

　攻撃者はあの手この手で攻めてきますから、「これをやっとけばOK！」という対策はないです。権利のある利用者のパスワードを盗んだり、ケーブルからの漏洩電磁波から情報を読み取ったり（**テンペスト攻撃**、**サイドチャネル攻撃**）、ソフトウェアの脆弱性を突いたりしてきます。すべてに対応する必要があります。

　利用者からパスワードを盗み取るためのフィッシングやソーシャルエンジニアリングは別の節で説明しました。ケーブルからの漏洩電磁波は電磁波シールドのあるケーブルや施設を使うなどします。

　ここでは、ネットワーク越しに不正侵入してくる行為についての対策を理解しましょう。

　しくみ（ハードウェアとソフトウェア）としては**ファイアウォール**が代表的です。ネットワークの境界線に設置して、通信の可否を管理します。

> 可否の判断が難しいと思いますが、どんな方法でやるんですか？

　通信用の情報を使います。主に**OSI基本参照モデル**の第3層、第4層、第7層の情報です。

　第3層はネットワーク層ですから、IPアドレスを使って「このアドレスからの着信はOK」「こっちはNG」とやるわけです。

■ OSI基本参照モデル

上位層	第7層	アプリケーション層	アプリごとの取決め
	第6層	プレゼンテーション層	表現形式の取決め
	第5層	セション層	通信の開始・終了の管理
下位層	第4層	トランスポート層	信頼性のある通信
	第3層	ネットワーク層	ネットワーク間の通信
	第2層	データリンク層	ネットワーク内での通信
	第1層	物理層	ケーブルや電波の取決め

第4章 セキュリティ対策

■ ネットワーク層でのフィルタリング（IPアドレスを使う場合）

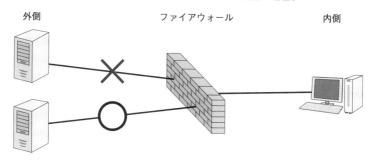

外側　　　　　　　ファイアウォール　　　　　　　内側

■ フィルタリングのルール例

ルール番号	送信元	送信先	可否
1	172.16.0.1	すべて	○
2	すべて	10.0.0.200	○
3	すべて	すべて	×

　本試験では、設問を考えていく上での前提条件として出てくるので読み落とさないように注意しましょう。こういったルールは上から適用していき、たくさん作ったルールの最後に「全部拒否」と書いておくのがお約束です。これでルールの設定

し忘れによって、セキュリティホールができてしまうことを防ぎます。

　シンプルで良い方法ですが、可否の判断に使うのがIPアドレスだけですから、あるPCのWeb通信はOKにして、メールについてはNGにするといったコントロールができません。

　それって、けっこうやりたいことですよね。

　そうなんです。ですので、アプリレベルで通信の可否を判断するときは、第4層の情報も併用します。

◤ トランスポート層でのフィルタリング（ポート番号を使う場合）

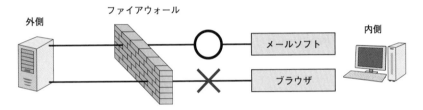

　IPアドレスに加えて、TCPポート番号やUDPポート番号の情報も使えば、同じPCからの通信でもアプリAは通すけど、アプリBは拒否することなどができます。

　ここまで来ると、だいぶきめ細かい通信管理ができている気がします。まだ「上」があるんですか？

　第7層の情報も使うアプリケーションレベルのファイアウォールがありますね。第7層はアプリケーション層ですから、HTTPやSMTPのルールと照らし合わせて、「一般的にHTTPはこんなリクエストをよこさないだろう」「HTTPの中でも、このパラメータを含んでいるものは拒否しよう」といった管理ができます。
　用途に応じて、いろいろなプロトコル用のファイアウォールがありますが、HTTPやWebアプリ向けに特化したものを特に**WAF**（Web Application Firewall）と呼びます。

　また、**ステートフルインスペクション**と**ステートレスインスペクション**の違いも

覚えておきましょう。

　ステートレスインスペクションは、1つ1つのパケットを見て、通信の可否を判断します。それに対してステートフルインスペクションは「文脈を見る」んです。「何も送っていないのに、返信扱いのパケットが来るのはおかしい」といった感じです。

それはすごい。ステートフルインスペクションのほうが断然優秀ですね。

　それは間違いないのですが、検査する機器の負担はステートフルインスペクションのほうが大きいです。過去の通信も覚えておいてつじつまを確認するわけですから、まあそうなります。

　第3層を使ったファイアウォールと、第7層を使ったファイアウォールも同様の関係になります。第7層までの情報を使えばきめ細かい通信管理が可能ですが、比較検討する情報が多いのでファイアウォール自体の負担は大きくなります。何でもかんでも、高機能なものを使えばいいわけではなく、適材適所が重要です。

　また、通信の管理と制御を目的に設置されるファイアウォールに対して、不正アクセスの発見に特化した**IDS**（Intrusion Detection System：侵入検知システム）もあります。ネットワークに接続して、同一ネットワーク全域を監視する**NIDS（Netwok-based IDS）**と、ホストにインストールしてそのホストを監視する**HIDS（Host-based IDS）**に分けることができます。

　IDSの機能に加えて、万一の侵入時にネットワーク遮断などの初期対応まで行う機器は**IPS**（Intrusion Prevention System：侵入防止システム）です。

■ NIDSとHIDS

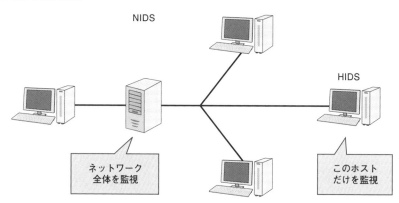

ソフトウェアの脆弱性を突いてくる攻撃として、最も多用されるのが**バッファオーバフロー**攻撃です。

█ バッファオーバフローのイメージ

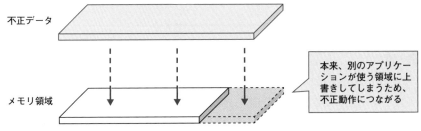

不正データ

メモリ領域

アプリケーションが用意したメモリ領域　　　別のアプリケーションが使う領域

本来、別のアプリケーションが使う領域に上書きしてしまうため、不正動作につながる

　利用者が入力するデータを受け付けるメモリ上の領域（バッファ）は無尽蔵ではありませんから、「このくらいかな？」と予測して大きさを決めておきます。その大きさを上回るデータを入力され、それをメモリに書き込もうとするとあふれる（オーバフロー）わけです。極端な話ですが、「名前を10文字で入力してね」というフォームに11文字入力することでバッファオーバフロー攻撃が成立することもあります。
　最悪の場合、隣にあったデータを壊したり、次に実行すべきコマンドを上書きされたりしてしまいます。

それって結構、致命的では？

　そうです。だから利用者が送ってくるデータは細心の注意を払って確認したり、エスケープ処理をする必要があります。バッファオーバフロー攻撃が成立しにくい命令文なども用意されていますから、それらを活用するなど**セキュアプログラミング**を心がけます。

アクセス制御

▶ 人生もロールバックしたいときがあります

トランザクションを押さえておこう

アクセス制御はその前段階として、識別→認証→認可（アクセス制御）になるので覚えておきましょう。識別はアクセスしようとしているのが誰かを知ること（代表例：利用者ID、ユーザID）、認証はそれが本当に本人か確かめること（代表例：パスワード）、認可はそれが本人だとして、何をさせていいかを管理することです。

アクセス制御の代表例はどんな感じですか？

代表例かどうかはわかりませんが、よく出題されたのはファイルシステムの**アクセス管理**です。あるファイルに対して、r：読込み可（read）、w：書込み可（write）、x：実行可（execute）の3種類の権限が用意されていて、ファイルの作成者はr-w-x（読込み可、書込み可、実行可）だけれども、同一グループの他の人たちはr-x（読込み可、書込み不可、実行可）といった感じです。

📐 権限管理の例

	r	w	x
作成者	○	○	○
同一グループ	○	×	○
それ以外	×	×	×

他にはデータベースの**排他制御**（誰かがいじっているときは、他の誰かはそのデータをいじれないようにする機能）なども定番です。データベースはみんながいっせいに書き込んだり読み込んだりしますから、きちんとロックをかけて制御しないとデータに矛盾が生じることがあります。したがって、データベースへの一連の操作は矛盾が生じないようまとめられた**トランザクション**という単位で実行されます。

トランザクションは、自分が使うレコードなどの資源に対してロックをかけて実行し、終了したときにロックを解除して資源を解放します。

◤ トランザクションのACID特性

A（Atomicity）	原子性	やるかやらないか、中途半端にならない特性
C（Consistency）	一貫性	矛盾が生じない特性
I（Isolation）	独立性	他のトランザクションの影響を受けない
D（Durability）	永続性	障害があっても結果が消えない

　ロックには**共有ロック**と**占有ロック**の2種類があり、共有ロックは書き込めるのは自分だけだが、他の人も読込みはできる、占有ロックは読込みも含めて自分で資源を独占し、他の人は読込みもできません。

　占有ロックの方が安全そうに思えるかもしれませんが、むやみに広い範囲に占有ロックをかけるとシステムの性能が低下します。必要最小限の資源に必要なぶんだけのロックをかけることが大事です。お互いにロックをかけあってしまい、処理が進まなくなった状態をデッドロックといいます。

　障害が発生したときは、バックアップからデータベースをリストアしますが、バックアップはそうそう高頻度で取ってはいないので、最終バックアップから障害発生までの間の復旧作業はログ（ジャーナル、活動記録）を使って処理を再現することで行います。これを**ロールフォワード**といいます。

◤ ロールフォワードとロールバック

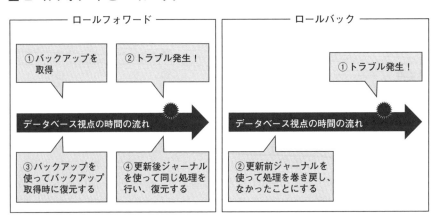

　機器が故障したようなケースでは、途中まで実行して中途半端になってしまったトランザクションをログを使って巻き戻し、なかったことにする必要があります。これを**ロールバック**といいます。

ログ管理（デジタルフォレンジクス）

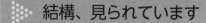

結構、見られています

地味だけど重要なログ管理

ログ管理って地味ですけど、セキュリティの取組みとしてとても重要なんです。「あの時なにがあったのか」を知る手段はいろいろ考えられますが、人の記憶は当てにならないしムラがありますから、情報システムが自動的に記録し続けるログ（活動記録）が大きな役割を果たします。

> 個人用のOSやアプリでもけっこうなログが残っているって聞きますし、業務用のシステムだったらさぞたくさんログが残ってるんでしょうね。

そうなんですけど、ちゃんと考えておかないと、意外と使えないんです。まず、いろいろな情報を取っておくに越したことはないのですが、あまり手広くやり過ぎるとシステムへの負荷が大きかったり記憶装置がたくさん必要になったりします。

必要十分な種類のログを適切に取得するためには、やはり自社システムをきちんと理解することが必要になります。また、事故があったときに見直すだけでは効果が薄くて、ふだんから「平常状態ではこんなログが残る」ことを知っておかないといけません。

「いつものログはこう」であることがわかっていてはじめて、「何か今日のログはおかしい」と機器故障を早期発見したり、「この時点で不正侵入の試みが始まっている」と事後的な検証が可能になります。

その上でログを効率的・網羅的に取得するための方法として、技術的なしかけを考えていきます。代表的なプロトコルは**SNMP (Simple Network Management Protocol)** です。SNMPマネージャ（監視機器）が、SNMPエージェント（被監視機器）に問合せを投げ、エージェントがそれに返信するのが基本です。

NTP (Network Time Protocol：時刻同期プロトコル) はいろいろなところで出題対象になりますが、ログ分野でも出てきます。ログを記録する時刻が正確で

ないと複数の機器にまたがった事象を比較できないからです。

◢ NTPの階層構造イメージ

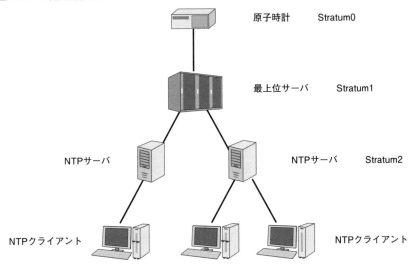

階層構造になっていて、stratum0と呼ばれる最上位の時計（GPSや原子時計）とそこに接続される最上位サーバ（stratum1）が下位のサーバやクライアントに正確な時刻情報を配信するシステムです。

 時刻までこだわるなんて意外でした。

トラブルの前後関係が重要だったりするので、時刻が不正確なログは信用ならなくなってしまうんです。

情報システムが社会インフラ化するにつれて、ログが法廷での証拠として使われるケースも増えてきました。でも、証拠として採用するためには、ログの真正性や改ざん耐性、それこそ時刻が正確かどうかも、高い信頼性が要求されます。

そうした信頼に耐えうるデジタル機器や、それらに情報を記録する技術体系・運用体系、記録から何が起こったかを分析する活動などをひっくるめて、**デジタルフォレンジクス**と呼んでいます。

ふだんのログ取得活動の正確なやつ、って感じですか？

　そうですね、半端なログとは質と量がまったく異なりますが、延長線上にあるものです。

多層防御

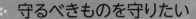

> 守るべきものを守りたい

ファイアウォールは関所

セキュリティの考え方は、古典的なものも、インターネットに代表されるような情報システムのものも、基本は変わりません。自分の縄張りに線を引いて、「外側は危険かもしれないけど、内側は安全に保つ」です。名前を覚える必要はありませんが、**ペリメータセキュリティモデル**といいます。ようは「鬼は外 福は内」方式です。

でも、そんなにうまく行くものでもないんです。外側と内側を完全に分離できればいいですが、人やモノや情報を行き来させないと仕事が遂行できません。そして、これらを出入りさせるポイントが、そのまま脆弱性になります。

そこで、何かが入ってくる（**インバウンドトラフィック**）ところ、出て行く（**アウトバウンドトラフィック**）ところを限定して、その場所を集中管理します。

昔だったらそれが箱根の関所だったのかもしれません。歴史で習った入鉄砲や出女は、インバウンドやアウトバウンドのリスクです。今では関所にあたるものが、**ファイアウォール**やルータになっているわけです。

> でも、ファイアウォールでしっかり流入や流出を管理すれば、会社の中は安全に保てるんですよね？

理屈の上ではそうです。でも、実際には難しいです。空港のセキュリティチェックだって、たまには危ないものを持っている乗客を見過ごしたりしますよね。ファイアウォールも情報の流入をルールで制限している以上、ルールの隙間をかいくぐったり、偽装されたりすることで突破されてしまうことがあります。

雇用も流動化していますし、プロジェクト型の組織で要員がつねに入れ替わるような働き方も増えました。身内（味方）であるはずの内部の要員が、何らかの理由で裏切ることもあるでしょう。

境界線を引いて、ファイアウォールのようなセキュリティ機器を設置したからといって、必ずしも安全とは言えない状態なわけです。

じゃあ、どうするんですか？

「完全な対策はない」し、「リスクを0にすることも不可能」なので、まずそれは正確に認識した上で、どうリスクを減らすかを考えます。具体的な取り組みとしては、多層防御などが典型例です。

◤ 多層防御のイメージ

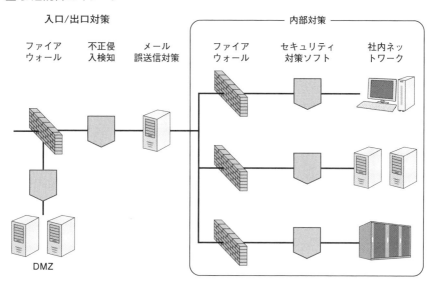

すごくざっくり説明すると、会社全体のファイアウォール（FW）、事業所のFW、フロアのFW、チームのFWなど、大きな領域とそれを守るもの、その中に存在する中規模な領域とそれを守るもの……といった形でマトリョーシカのように守るべき場所とそれを守るしくみを配置します。

こうしておけば、「会社と外界を隔てる一線は突破されてしまったけど、事業所の安全は守れた」「となりのチームはマルウェアに汚染されてしまったけど、うちのチームは大丈夫だった」という状況を作れます。船の防水区画のようなものです。「何もないか」「沈むか」ではなく、「ちょっと浸水したけど、船全体として考えれば、沈まずに港に戻れる」確率を高めます。

多層と言いますけど、何層くらいに分けるんですか？

　特に決まった階層数があるわけではなく、自社組織や環境に合わせて考えます。多層防御の考えが行き着く先は**ゼロトラスト**です。「誰も信じない」セキュリティです。よく「境界線の考え方を捨てた」と説明されるのですが、従来の境界線が「自分のまわり」「ある機器のまわり」に限局され、自分以外の誰も内側にいない状態だと考えればよいと思います。

　誰に、あるいは何にアクセスするにしても、必ず識別・認証・認可を行うことになります。

セキュリティ教育

▶▶▶ やらないよりやった方がいいことってありますよね

最も効果的なセキュリティ対策

「最も効果的なセキュリティ対策」とか、「セキュリティ対策の最後の砦」と呼ばれるのがセキュリティ教育です。

> ほんとに効くんですか？

効きますよ！　どんなしくみだって使う人次第ですから。以前に「電子レンジに猫を入れないでください」ってネットミームがあったじゃないですか。

> 知りませんが…

ジェネレーションギャップですね。電子レンジを使う人全員がある程度のリテラシを持っていれば、そんな注意書きはいらないはずです。でも、実際問題として本当に事故を起こしたり、いたずらしたりする人がいるので余計な注意書きや余計な安全機構が必要になると。

社会全体を相手に商品を売るようなケースでは仕方がありませんが、社内であれば全員の知識やスキルの底上げは可能なので、セキュリティ教育を実施しておけばセキュリティ水準を上げられます。

> 技術的なセキュリティ対策が不要になってコスト削減ですか？

誰でもミスはしますから、教育したからといって技術的・物理的対策をはしょっていいわけではありませんが、万一の事故を予防できる確率は上がります。

ところが、セキュリティ教育って会社では人気がないんですよ。たとえば技術系・営業系のスキルと違って、獲得したからすぐに売上が上がるようなものではないので。

ですので、必要性はわかりつつも、あんまり浸透していない会社が多いです。

セキュリティ教育をする上でポイントになることはありますか？

　タイミングは重要です。新入社員を迎えたときや、人事異動があったときなどは新しいしくみやルール、システム下でのセキュリティに慣れるために実施すべきです。
　さすがに新人向けセキュリティ教育の重要性はかなり理解が進んでいます。ある程度年数がたつと知識が陳腐化しますし、慣れが生じてセキュリティ意識も低下しますから**ブラッシュアップ研修**も大事です。
　日本の会社はセキュリティに限らず、あまり中堅〜幹部クラスの教育にお金と時間を使わないことが知られているので、昇進時研修などに組み込むことが大事かもしれません。

教育費用をケチってるんですか。

　みんな忙しいですからね。時間の出し惜しみなので、広い意味ではケチなのかもしれません。ただ、現場の事情も汲み取らないと何かの施策がうまく動くことはないので、負担感がないようにセキュリティ教育をするしくみは必要です。
　本試験で出題実績があるのは、必要な科目だけ選択して効率的に受講できるカフェテリア方式の研修や、セキュリティ教育を受けさせない管理職に対する罰則規程の整備などです。e-learningや遠隔教育を使って、受講負担を減らすことも効果があります。

　セキュリティ教育は効果がありますが、限界があることも知っておかないといけません。何かの理由で会社に恨みがあったり、ライバル企業にお金で買収されるなどの事例は多々ありますので、風通しやハラスメントのない組織を作ることや、仕事の対価として十分な報酬設定をすることが、セキュリティの観点からも求められます。

LESSON 07 組織における内部不正

▶ 裏切者って厄介です

内部不正防止の原則

まず、内部不正が大きな脅威であることを知っておきましょう。内部犯ってこわいんです。外部の攻撃者は、狙った企業の情報資産へアクセスする権利を奪取するところから始めますが、内部犯は最初からこれを持っていますから。

攻撃者の節でも強調してましたね。でも、これ結構マニアックな文書に思えますけど。

シラバスに書いてあるので取り上げてみました。これ、IPAが作ってるガイドラインなんです。自分で作ったガイドラインを、宣伝を兼ねて本試験で取り上げるのは、IPAさんがよくやる方法です。まあ、いいガイドラインが普及するのはいいことですよ。内部犯対策はみんな頭を痛めていますし。

このガイドラインで定めている内部不正防止の基本原則は5つです。

✓ 内部不正防止の基本原則

1. 犯行をやりにくくする
   → 対策強化により、ハードルを上げる
2. 犯行をやると見つかるようにする
   → ログ取得などの徹底で、やっても捕まる状況を作る
3. 犯行が割に合わないようにする
   → 防御を突破するコストを高く、見つかったときの罰則を重くする
4. 犯人をその気にさせないようにする
   → 機会や動機を与えないようにする
5. 犯人が言い訳できないようにする
   → 正当化できないようにする

身も蓋もないですね。

　そうですけど、効き目は大きいです。誰だって捕まって恥をかいたり、失職など
の実害を被るのは嫌ですから。

　最後の3つは、第1章でも説明した「**不正のトライアングル**」としても知られて
います。これも覚えておきましょう。

◢ 不正のトライアングル

> **機会、動機、正当化が揃うと、人は不正行為を働く**

　たとえば、こんな感じです。このうち1つを除去して不正が起こらないように対
策します。

> ・得ればお金になる機密書類がぽんとデスクの上に置いてあ
> 　った（機会）
> ・引っ越しの必要があり、お金に窮していた（動機）
> ・普段から仕事に見合った報酬をもらえていないので、これ
> 　で補填してやれと思った（正当化）

おお！　正当化できないように、給料を10倍にするなんていいですね。

　そんな気前のいい会社はないですよ。たいてい機会を与えないように、セキュリ
ティシステムに予算が割かれます。「組織における内部不正防止ガイドライン」のい
いところは、理想論を述べるばかりではなくて、社会情勢の変化があるから、ちゃ
んと対策しないとダメだぜって述べてるところでしょうか。

■ 組織における内部不正防止ガイドライン

> ・セキュリティリスクの経営リスク化
> ・内部不正者への外部脅威者の多様なアプローチ
> ・不遇な生活、組織や社会への反感、倫理観の低下
> ・組織と従業員の関係の希薄化（雇用の流動化）
> ・ニューノーマルへの移行

　特に、「いまの従業員には不公平感が広まっているから、そこがリスクになってる
よ」と指摘したのは大きいと思います。ただ、その対策となると、コンプライアン
スや職場管理が示されているだけで、本書で何回も解説したような内容です。目新
しい箇所を箇条書きにしておきますね。

> ・内部不正モニタリングシステムの適用　→　AI監視など
> 　を使う
> ・従業員モニタリングの目的等の就業規則での周知
> ・派遣労働者による守秘義務の遵守

> 動機を減らすために給料上げようみたいなのはないんですね…

　それを言っちゃおしまいよ的なところありますから。ただ、この手のガイドライ
ンでは、昔から派遣労働者がセキュリティホールだって言い切るような箇所があって、
一律にそんな扱いにするのはどうかという気もします。

第4章　セキュリティ対策

検疫ネットワーク

便利さの裏にワナがある

チェックすべきは会社のPCだけではない

検疫ネットワークは、怪しいパソコンをつなげられてマルウェアなどに汚染されていないか確認するためのネットワークです。

> いやいやいや。怪しいパソコンなんてつないじゃダメでしょ。

一昔前だったらそれが正解だったんですけど、今は働き方も変わってるじゃないですか。**BYOD** (Bring Your Own Device) とか。プライベートでも情報端末を駆使して生活を営んでいますし、何なら支給品のパソコンやタブレットより性能や使い勝手もいいので、私物で仕事しちゃおうよってやつです。

確かに使い勝手はいいし、仕事とプライベートで環境を使い分ける手間も省けるんですけど、いいことばかりじゃないんですよ。

人によると思いますが、プライベートでいろいろなWebサイトやアプリを使うわけですから、リスクがあるのは事実です。そこで、検疫ネットワークを使います。

検疫ネットワークにモバイルPCやタブレットなどが接続されると、OSやアプリケーション、セキュリティ対策ソフトの種類やバージョン情報が確認され、会社としての要件を満たしていない場合は、アプリケーションのインストールや更新を行います。

■ 検疫ネットワークのイメージ

検疫ネットワーク　　　　　　　　　　　　　　業務ネットワーク

あやしい端末は
まずこちらに接続する

もちろん、マルウェアの感染チェックなども同時に行われ、マルウェアの感染が見つかった場合は除去・報告されます。

　問題がなかったり、問題があっても解消できた場合は業務用ネットワークに接続できます。対処・許容できないリスクが残った場合は、もちろん接続は認められません。

 第1章に出てきたMDMに似ていませんか？

　確かにそうですね。**MDM** (Mobile Device Management) は増加するモバイル端末を企業の掌握下に置くことで、効率的な業務や安全な業務を達成するものでした。

　具体的には、どうしても管理が甘くなりがちなモバイル機器（会社の外でも使う、落としたり盗まれたりしそう）のソフトウェアやバージョン、ID設定、セキュリティ設定などを統一します。ポリシにあわない端末は接続させませんから、検疫ネットワークと非常に似ています。

　両社を区別するような出題はないと思いますが、検疫ネットワークは企業内LANとして組まれ、モバイル機器に限らずデスクトップPCなども管理対象です。MDMはモバイル機器を対象として、会社の外にいるときでも監視しています。

 私物を会社の外にいてもチェックされちゃうって怖いですね。

　仕事に使うことを考えると、セキュリティ上は仕方がないんですよね。**シャドーIT**がこわいんです。

　シャドーITというのは、会社が把握していない機材やソフトウェアを使って、従業員が仕事を進めてしまうことです。個人向けのクラウドサービスなど、安価で便利なものが多数登場しているので、これらを使うと仕事が効率的になるのは間違いありません。

　一方で、会社が必要な手順として組んでいる情報漏洩対策やマルウェアの感染対策などを経ずに情報をやり取りすることにもつながるので、無条件に認めるとひどいことになります。

　新しいアプリケーションなどを使って仕事にイノベーションをもたらすのは良いことなので、こそこそ使わずにすむような環境が構築できるといいですね。

入退室管理

▶ 部屋から出ない日があってもいいですね

情報システム安全対策基準

　「情報セキュリティ」というと、不正侵入やマルウェア汚染などに目が行きますが、古典的な入退室管理も非常に重要です。知らない人が建屋に入ってきたら、そりゃありリスクですからね。

 そうは言っても、ノマドワークやテレワークなど、働き方も変わっているし、難しいんじゃないですか。

　確かにカフェで仕事をしている人も増えました。端末の持ち去りやのぞき見などをされないように、デスクトップPCとは違った対策が必要です。画面のロックやGPSによる端末の追跡、盗難時のリモートワイプ（遠隔消去）などですね。

　そうはいっても、会社の入退室管理もおろそかにできません。会社は情報の宝庫ですし、いくら組織や人が流動化したといっても、区画を分けてゲストが入っていい区画はここ、機密情報を取り扱っていい区画はここと決めておくことは大事です。

　入退室管理の重要性は他の節でも出てきました。区画と区画の区切れ目には、生体認証などのしくみを置いて、誰がどの部屋に入っていいのか、この部屋にいま何人いるのかなどと管理します。

　ここでは、**情報システム安全対策基準**について学んでおきましょう。ちょっと古い基準なのですが、情報システムとそれを設置する設備・建屋（ファシリティ）を安全に保つための施策がまとめられています。

　ファシリティには次のようなものが置かれるので、これを安全に保たないといけません。

◢ ファシリティに置かれるもの

- コンピュータ
- 通信関係装置
- データ、プログラム、ドキュメント、ファイル
- 記録媒体

☑ 安全に保つための具体的な施策

設備	施策
電源設備	定電圧定周波数電源装置など
空気調和設備	冷却設備、及びその附属設備
監視設備	情報システム、電源設備、空気調和設備の運転の状態を監視し、発報など必要な措置を行う設備
防災設備	火災報知設備、消火設備、漏水検知設備、感震器、超高感度煙監視器、耐火金庫など
防犯設備	入退管理設備、侵入監視設備、保管設備

えー、けっこう細々したことまで決めてあるんですね。

　はい、「建物には情報システムや記録媒体の所在を明示しないこと」とか、「什器、備品等は不燃性のものを使用すること」なんてことまで定められています。ただ、こういうのを何もかも守ったデータセンターって、あんまり見たことないですけど。

全部不燃性で揃えたら、高価になりますよね。

　入退室のパートも、かなり実践的なことが書いてあります。試験に関係するものを抜き出しますね。

- 情報システムを設置した建物及び室の入退館資格付与細則を定める
- 入退者には資格審査を行い資格識別証を発行し、入退館を管理する
- 一時的に入退館の資格を与えたものは、必要に応じ立会人をつける
- 入退の記録を取る
- 出入口の施錠及び解錠、鍵の保管及び受渡しの記録を取り、鍵管理を行う
- 各室の搬出入物は、必要な物に限定する
- 搬出入物は内容を確認し、記録を取る

　当然ながら、これを丸暗記する必要はありません。どんなものをどう管理すればいいのかの基盤知識を構築してください。そうすれば、ひねった出題や異分野の出題にも対応できます。

無線LANセキュリティ

>> たかが無線、されど無線

暗号化と認証

無線通信は有線通信と比べて、セキュリティが脆弱になりがちです。

有線通信の盗聴はケーブルへのアクセスが必要で、入退室管理が行われている企業などではおいそれとやれるものではありません。

それに対して無線通信に用いる電波はそんなに指向性が高いものではありません。狙った場所だけに飛ぶわけではありませんし、会社の敷地の中だけに飛んでくれるわけでもありません。

結果的に、周波数をあわせてアンテナさえ立てておけば、敷地外からでも、隣の建屋からでも盗聴される可能性があります。

そのため、無線LANを安全に使うためには、**暗号化**と**認証**が必須になります。

 無線LANを使う部屋を電磁波シールドで覆っておくとか、そういう解答が正解になる可能性はありませんか？

どんな文脈で出題されるかによるので、ないとは断言できませんけど、あんまり一般的な対策ではないです。お金もかかりますし。ですので、まずは**暗号化**と**認証**だと考えておきましょう。

無線LANにおける暗号化と認証の規格は、古いものから順番にWEP、WPA、WPA2、WPA3があります。基本的には新しいものほどセキュリティ水準が高いので、使える中で最も新しい規格を使いましょう。

無線LANの規格と、暗号化と認証の規格は異なりますから、その点も注意してください。

 古いものも残ってるんですね？

IoT機器などで、古い規格にしか対応しておらず、かつファームウェアの更新などができない機種があるので、互換性を維持するために古い規格を使っている組織

第4章 セキュリティ対策

があるのは事実です。

しかし、**WEP**や**WPA**の利用はもう推奨されません。やめたほうがいいです。古い暗号アルゴリズムは危殆化しています。

◤ 無線LANの規格

規格	最大通信速度	周波数	特徴
IEEE802.11b	11Mbps	2.4GHz	早くから普及
IEEE802.11a	54Mbps	5GHz	高速だが11bとの互換性はない
IEEE802.11g	54Mbps	2.4GHz	11bの上位互換
IEEE802.11n	600Mbps	2.4GHz/5GHz	11b、11a、11gの上位互換
IEEE802.11ac	6.9Gbps	5GHz	5GHz帯を使う規格だが、弱点である減衰の早さも改善されている
IEEE802.11ax	9.6Gbps	2.4GHz/5GHz	多数の利用者の同時アクセスにも耐えられる

◤ 無線LAN暗号化の規格

無線LAN暗号化の規格	暗号化方式	特徴
WEP	WEP	現在はあまり使われていない
WPA	TKIP（RC4）	オプションでCCMP
WPA2	CCMP（AES）	オプションでTKIP
WPA3	GCMP（AES）もしくはCCMP（AES）	

また、WPA、WPA2、WPA3には**パーソナルモード**と**エンタープライズモード**があることも知っておきましょう。

> パーソナルモードというのは何ですか？

家庭内での利用などに向いている形態で、設定が簡便なのが特徴です。暗号化と認証はどのように鍵を交換するかが重要なポイントになりますが、パーソナルモードでは鍵を事前に共有します。事前共有鍵といいます。

具体的には、無線LANアクセスポイントと、そこに接続するクライアントに同じ鍵を設定します。

簡便ってことは、あぶないんですか？

　鍵の管理をしっかりしていれば、あぶないってことはないですが、同じESSIDに接続するクライアントはみんな同じ鍵を使ってアクセスすることになります。

　ですから、クライアントごとに別々の鍵を持つ方式に比べれば鍵が漏れやすいですし、別のクライアントの通信をのぞくことも原理的には可能です。

 原理的には？

　ベンダごとに、事前共有鍵を使っていても、他のクライアントの通信はのぞけないといった技術が採用されていることがあります。ただ、すべてのアクセスポイントで使えるわけではありませんし、家族などで使うにはいいですけど、会社で運用するにはちょっと向いていないですね。

 そのときにはどうするんですか？

　エンタープライズモードを使います。事前共有鍵による認証ではなく、IEEE802.1Xを使います。

　IEEE802.1XというのはLAN上でユーザ認証を行うための標準技術で、有線でも無線でも使うことができます。無線LANに特化した技術ではありません。エンタープライズモードを使うと、利用者ごとに利用者IDとパスワードを設定することが可能です。

　本試験で出題対象になるのは、これをどう実現するかです。エンタープライズモードですと、大規模な事業所・利用者数での運用が想定されますので、個々の無線LANアクセスポイントに利用者IDとパスワードを保存するような形では管理の手間が膨大になります。そこで、認証サーバを使います。

　認証サーバに認証情報を集中させ一元管理することで手間を省き、複数の無線LANアクセスポイントやESSIDをまたいだ運用を簡単に行えるようにします。

◤ エンタープライズモードの整理

用語	説明
オーセンティケータ	無線LANアクセスポイント。認証サーバに対しては、認証をお願いするクライアントになる
サプリカント	クライアントPC
認証サーバ	認証を司るサーバ。規格としてはRADIUSを使う

◤ エンタープライズモードの流れ

1. サプリカントはオーセンティケータに対して通信を要求する
2. オーセンティケータは自分では認証の可否について判断できないので、認証サーバに通信を中継する
3. サプリカントから送られてくる認証情報が正しければ、認証サーバは通信を許可する
4. 認証サーバの認証に基づいて、無線LANアクセスポイントはサプリカントを受け入れる

■ エンタープライズモードの流れイメージ

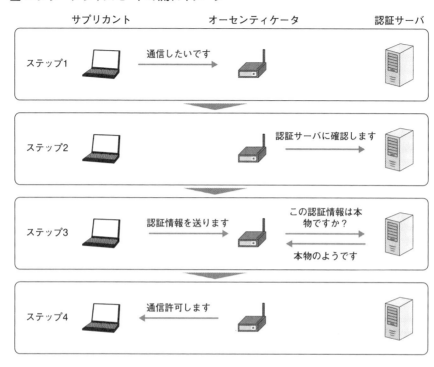

 他に無線LANのセキュリティについて知っておいた方がいいことは
ありますか？

　以前はESSIDを隠すような運用があったんです。ステルスモードといいます。無
線LANアクセスポイントが自分の存在をクライアントに知らせるビーコン信号に
ESSIDを含めないので、ESSIDを知っている利用者しかそのアクセスポイントを
使えないというわけです。

　でも、ESSIDは秘匿情報ではありませんので、この方法で高いセキュリティ水準
を実現することはできません。

　他には、**MACアドレスフィルタリング**などの方法もあります。あらかじめ登録
してあるMACアドレスからの通信しか受け付けないやり方です。WPAなどと併
用できますから、やれる環境であれば積極的に使うと良いと思います。しかし、
MACアドレスも偽装は可能ですので、決定的なセキュリティ対策にはなりません。
ただし、こうした要素をこつこつ積み重ねることも大事だと言えます。

アカウント管理、情報漏洩対策

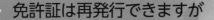
▶▶▶ 免許証は再発行できますが

実務でも重要なアカウント管理

　アカウントはサイバー空間における身分証明書や免許証に該当しますので、とにかく厳格な管理が求められます。警察手帳や狩猟免許が盗まれたらまずいことになるのと同様、会社のデータを消す権利やお金の支払いができる権利を持ったアカウントが乗っ取られたらとんでもないことになります。

　パスワードを知られないことが思い浮かびますが、認証の手段はパスワードだけではないので、もっと安全な認証技術が使えないか検討しましょう。もちろん、試験ですから、問題文の条件内で使える認証手段から考えるのは鉄則です。「新しい認証方法の研究に取りかかる」などといった解答が正解になることはありません。
　生体認証や、スマホの所持とパスワードを組み合わせての二要素認証を検討して、どうしてもそれらが使えなかったときにパスワード単独の認証を使うイメージです。
　情報処理技術者試験では、長いパスワード、多くの文字種が使われたパスワード、短期間で変更を繰り返すパスワード、メモなどに書き下さず暗記するパスワードが良いとされています。二要素認証の1要素としてパスワードを使う場合も同様です。

　実社会では、これらのパスワードはダメなんですか？

　ダメではないですが、「忘れるリスクと比較して、やっぱりメモしておいたほうがいい」「下手に記号などを混ぜるより、アルファベットだけでいいからとにかく長くした方がいい」という研究結果や運用方法も知られています。
　したがって、自社の運用とは違うかもしれませんが、これは試験ですので、試験センターが正解だと考えている解答を書く必要があります。

　最小権限の原則や、アカウントの改廃も大事です。権限は大きければ大きいほど仕事が円滑に進みますから、つい大きな権限をアカウントに対して与えてしまいがちです。また、ある瞬間には必要だったので与えた権限を、それがいらなくなった後まで設定し続けてしまうことも往々にしてあります。

大きすぎる権限は不正行為の温床になりますし、アカウントが乗っ取られたときの被害を大きくしますので、権限管理は厳密に行わないといけません。

　大きな権限を持たざるを得ない管理者は、一般的な作業を行うときは一般権限のアカウントで、管理作業を行うときだけ管理者権限を持つアカウントで情報システムを利用するようにします。

　複数の管理者を立てて、相互に牽制する体制を構築することも重要です。

　異動したときに、前にいた部署の権限を除去することや、退職したのにアカウントを抹消することを失念することもよくあります。退職者が会社を恨んでいたり、引き抜かれた会社で前職のデータを要求されたりといったインシデントはよく起こりますので、異動時や退職時のアカウント管理にも目を光らせましょう。

> 情報漏洩対策は暗号化が定番ですか？

　そうですね、通信をするときにも、記憶媒体に保存するときにも、暗号化をしておけば（試験の正解としての）最低限の条件は満たせるでしょうね。ただ、これは実務でも同じですけど、暗号化すればいいというものではないので、使っている暗号技術が危殆化していないか、鍵は秘密に管理されているかといった条件を見逃さないようにします。

　USBメモリなどはますます小さく、かつ大容量化が進んでいますから、こうした媒体を介した情報漏洩にも注意が必要です。特に悪気はなく、家に仕事を持ち帰るつもりで情報を書き出し、飲み屋に忘れてくるようなシナリオでの出題もありました。

　PPAP（パスワード付きzipファイルをメール送信し、別のメールでパスワードを送る）も、出題がありました。1通目のメールで暗号化ファイルが送られてきて、続く2通目のメールで復号用のパスワードが送られてくる情報漏洩対策の俗称です。

　当然のことながら、1通目のメールが盗聴されるなら、2通目のメールも盗聴される可能性が高いので、この対策に担当者が何となく対策をした気分になれる以上の意味はありません。対策をしていないのにしたような気になってしまうこと、送信者にも受信者にも手間がかかることを考えると早期に撲滅すべき業務手順と言えます。本試験での取り上げ方も、概ねそのような趣旨でした。

　この考え方は広まって欲しいなとか、この技術は知っておくべき、といった出題はあるようです。それ自体は悪いことではないと思いますよ。

その他のセキュリティ製品・サービス

▶ 全部乗せを食べられる時代がありました

全部盛りのUTM

　セキュリティ製品はいろいろな脅威に応じて、雨後の竹の子のように出てくるんですよ。革新的なものが続々登場するというよりは、これまでに学んだセキュリティ技術を組み合わせていると考えた方がすっきりします。本試験対策としては名前は知っておいたほうがいいですが、むしろファイアウォールなどの基礎をしっかり固めたほうが得点力は高くなります。

組み合わせですか？

　はい、過去の出題事例では**UTM**（Unified Threat Management：統合脅威管理）などがありました。ファイアウォール、IDS（IPS）、マルウェア対策ソフト、コンテンツフィルタリング……と、脅威ごとに対策装置があります。
　それぞれ経緯があって登場したものですし、最初は分かれていることに意味があったのですが、これらの装置を全部持っているのが当たり前になってくると個別に設置・設定するのはいかにもめんどうです。
　そこで全部盛りのUTMを投入して、集中管理を実現すると、設置漏れなどのリスクも低減するわけです。

全部入りは、機能特化型の製品に敵わないとか、
そういうことはないんですか？

　機能特化型の製品を作っているメーカは当然、そう言いますよね。「餅は餅屋式の専門特化型（アプライアンス型）製品がいいんだ」「いや、統合型で漏れなくやるのがいいんだ」は、永遠に終わらない議論だと思います。どちらを選ぶにしろ、自社の状況にあったものを、合理的に運用すればそれでOKです。
　その他で狙われそうなのは**DLP**です。Data Loss Preventionですね。

直訳すると、情報漏えい対策ですか？　前からあったような……。

　サーバでもパソコンでも情報漏えい対策はやりますからね。でも、それを一元管理のもとに統合して行うこと、不正侵入の結果としての情報漏えい対策などではなく、原因は何でもいいけどとにかく情報漏えいに焦点を絞ってそれを防ぐんだ、とやるところに特徴があります。

　たとえば、攻撃者の不正侵入による情報漏えいは、IPSを使って不正侵入を止めることで結果的に防げるかもしれません。でも、担当者のうっかりミスによる情報漏えいにIPSは弱いです。

　DLPは、IDS/IPSに動作や構成が似ているので、IPSの情報漏えい対策版だと考えてもいいです。ネットワーク、ストレージ、ホストを監視して、保護されるべきデータが権限のない利用者や空間で処理、保存、伝送されていないかを監視・警告します。

　もう1つ目につくところでは、**SIEM** (Security Information and Event Management：セキュリティ情報管理及びセキュリティイベント管理) があります。

　これは、セキュリティに関するログを一元管理して、怪しい動作があれば警告を発するしくみです。これ、以前から出題されるネタなんです。「分析をする意味では、基本的にログは多ければ多いほどいい」「しかし、大量のログにまみれて分析が追いつかず事故を見逃すことがある」系の問題で、解答例としては「バランスを考えてログを取りましょう」「ログの解析と警告の発報を自動化しましょう」になります。

　この、「ログの解析と警告の発報を自動化しましょう」を具体化した装置がSIEMです。

時代が出題に追いついたんですね。どんなログを収集するんですか？

　会社内のあらゆるものですよ。ファイアウォール、IDS/IPS、各種サーバ、プロキシあたりが定番ですが、個々のクライアントPCのログを収集してもOKです。もちろん、対象ノードが増えるほどシステムにかかる負荷は大きくなるのでメリットとのバランスが重要です。

　ただ、ログの形式が標準化されていないので、導入する際には調整が必要です。ログの取得システムとして**syslog**が昔から使われていますが、SIEMの運用にそのまま使えるほど厳密にログの形式が決められているわけではありません。

第4章　セキュリティ対策

第 **5** 章

セキュリティ実装技術

認証プロトコル

ネットの海のオレオレ詐欺対策

性善説に基づいていたSMTP

情報システムやネットワークでは、「会ったこともない、不特定多数の人とやり取りする」「人を介さずに、自動で処理が流れていく」といったプロセスが多いため、認証のしくみが重要です。

そのための技術は標準化されたプロトコルになっています。まずは**送信ドメイン認証**から見ていきましょう。

送信ドメイン認証?

電子メールの送信元を認証する技術です。電子メールは長らく脆弱性のある通信手段でした。メール送信のプロトコルである**SMTP**はインターネットの勃興期に作られたしくみで、性善説に基づいていたからです。

SMTPは「送るぶんにはパスワードなどの認証はいらないだろう」と、いかようにもなりすましが行える作りになっていました。そのため、スパムメールの温床にもなったのです。

えっと、そのSMTPに認証を組み込めばいいのでは?

はい、それが一番シンプルな解決方法です。**SMTP-AUTH**ですね。クライアントがメール送信を求めると、メールサーバは利用可能な暗号アルゴリズムのリストを返信します。

クライアントはその中から、自分が使えるものを選んでユーザIDとパスワードを送信します。

SMTP-AUTHの導入が必ずしも進んでいないのには、いくつか理由があります。最も大きな理由は、一度広まってしまったしくみを置き換えていくのは、みんなが嫌がるということです。

SMTPは世界中で普及しました。それに脆弱性があるからといって、手間とコス

トをかけてSMTP-AUTHに更新してくれる組織や管理者ばかりではありません。

受信時に本人確認

POP3はメール受信のためのプロトコルです。受信したメールを他人に読まれたらたまらないので、最初から認証手順が組み込まれていました。受信時にはみんなユーザIDとパスワードを使って、本人確認をしているわけです。

SMTPを使ってメールを送りたい人は、まずPOP3でメールサーバにアクセスし、認証を受けます。ユーザIDとパスワードによって本人からの通信であると確認できた場合は、そのIPアドレスからのメール送信を一定期間許可します。これが**POP Before SMTP**というしくみです。

この手順が優れているのは、SMTPに変更を加えなくてよい点です。プロトコルの変更を伴うと大手術になりますから。

 POP Before SMTPでセキュリティは完璧ですか？

簡易的な手法ですから、完璧にはほど遠いです。やらないよりはマシ、と考えてください。ただ、POP Before SMTPで時間を稼いでいるうちに、SMTP-AUTHや、SMTPを**TLS**で暗号化するSMTP over TLS (SMTPS) が普及しました。歴史的な意味はあったわけです。

DNSを活用するSPF

SMTP-AUTHやSMTPSが普及したため、正規のメールサーバを悪用してスパムメールを送信することは難しくなりました。

そこで攻撃者は次の手を考えます。自前のメールサーバを使って、スパムメールを送信します。ドメイン情報などは正規のものになりすましますから、うっかりすると正規のメールサーバから送られてきた正当なメールだと誤解します。

これに対応するのが、送信ドメイン認証です。

 どうやって対応するんですか？

この場合、攻撃者は正規のメールサーバからメールを送っていないのです。そこで、

「IPアドレスは偽りにくい」という特性を利用して、偽装を見破ります。

　送 信 ド メ イ ン 認 証 は**SPF (Sender Policy Framework)** と**DKIM (DomainKeys Identified Mail)** がよく知られていますが、SPFから説明していきます。

　SPFは、そのドメインがメールを送信する可能性があるIPアドレスの範囲を、**DNS** (Domain Name System：IPアドレスとドメイン名を管理するシステム) にSPFレコードとして記載する技術です。

◪ SPFの流れ

①SPFに対応しているメールサーバがメールを受信すると、送信元ドメインのDNSに対して問い合わせを行う。

②送信元ドメインのDNSはSPFレコードに基づいて、IPアドレスの範囲を返答する。

③受信側メールサーバは、当該メールの送信元IPアドレスと範囲を見比べ、正規のメールサーバから送られたメールであるかを確認する。

　「IPアドレスは偽装しにくい」ので、偽メールサーバから送られたスパムメールであれば、この時点で嘘がばれるわけです。

よくできたしくみですね！ DNSを活用するんですね。

　送信ドメイン認証は、メールサーバが対応すればよいので、導入しやすいメリットもあります。すべてのメールクライアント（ぼくらがふだん使うメールソフトです）の入れ替えが必要だったりすると、普及させるのは大変ですから。

SPFレコードって、どんなふうになってるんですか？

　基本情報技術者ではそこまでの出題はないと思いますが、情報処理安全確保支援士試験で出題実績があるので、油断は禁物ですね。書き方はシンプルで、

通信の可否　プロトコル　許可／拒否の範囲

……と並べるだけです。許可は＋、拒否は－で表し、これをテキスト情報（TXT
レコード）として格納します。

◢ TXTレコードのイメージ

記述例	意味
+ip4:192.168.0.1 -all	192.168.0.1からのメールのみ許可
+ip4:192.168.0.1 +ip4:192.168.0.2 -all	192.168.0.1と192.168.0.2からのメールのみ許可
+ip4:192.168.0.0 -all	192.168.0.0ネットワークからのメールのみ許可
-all	すべて拒否

　表の3番目を見てください。+ip4: 192.168.0.0 -all　だと、192.168.0.0ネ
ットワークからの送信はOKということです。

ということは、それ以外は全部NGという意味ですね？

　そうです！ IPアドレスは単一のホストを示してもいいですが、192.168.0.0だ
とネットワーク全体を表すアドレスですから、そのネットワークにあるホストはす
べてメール送信可能となります。

デジタル署名を使うDKIM

さっき出てきたDKIMはどんな技術なんですか？

　SPFと同じく送信ドメイン認証に属する技術ですが、デジタル署名を使う点が異
なります。

◢ DKIMの流れ
①送信側メールサーバが、送信するメールにデジタル署名をする。この署名はメー
　ルヘッダに格納される。
②受信側メールサーバはDKIM対応のメールを受け取ると、DNSに問い合わせを
　して検証用の公開鍵を受け取る。
③入手した公開鍵を使ってメールを検証し、なりすましかどうかを判断する。

あ、ここでもDNSを使うんですね。

　そうです。DNSはこういうときに応用の利く便利なしくみです。SPFもDKIM
もDNSを使いますから、両者の区別には注意しましょう。DKIMはデジタル署名
を用いるのが特徴です。DNSに公開鍵をTXTレコードとして記録しておくんです。

デジタル署名を使っているぶん、
DKIMのほうが安全そうですが…

　はい、検証の信頼性はDKIMが高いです。メールに署名をしますから、署名の対
象になっている場所（メールヘッダの一部と、メール本文）が改ざんされればそれも
検出することができます。
　いっぽうで、DNSだけで始められるSPFに比べると、デジタル署名技術も使う
DKIMは導入が面倒です。また、長所のはずの改ざん検出も、運用で困ることが
あります。送信中にメールの内容が変更になるケース（メーリングリストなど）では、
それが改ざんとして認識されることがあります。

DNSがいろいろなところで使われていることもよくわかりました。
でも、DNSってそんなに強固なプロトコルでしたっけ…？

　良い着眼点です。インターネットの初期のころに作られたプロトコルは、牧歌的
な設計でセキュリティに気を配っていません。
　DNSも各種の脆弱性があり、たとえば問い合わせに対しての応答は、トランザ
クションIDさえ合致していれば、早く来たものを受け入れます。トランザクション
IDの推測は決して難しくないので、正規の応答が来る前に攻撃者が返してきた偽
情報を受け入れてしまう可能性があるわけです。これを悪用した手法が**DNSキャ
ッシュポイズニング**です。

■ DNSキャッシュポインズニングのイメージ

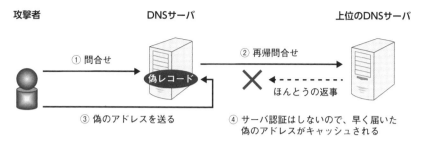

攻撃者　　　　　　　　　DNSサーバ　　　　　　　　　上位のDNSサーバ

① 問合せ　　　　　　　　　　② 再帰問合せ

偽レコード

ほんとうの返事

③ 偽のアドレスを送る　　　　④ サーバ認証はしないので、早く届いた
　　　　　　　　　　　　　　　偽のアドレスがキャッシュされる

　この流れでDNSサーバの情報が汚染されてしまうと、クライアントは正規の手順を踏んで、正規のDNSサーバに問い合わせをしているのに、偽情報を教えられることになります。攻撃者の詐欺サイトなどに誘導されてしまうわけです。

　対策としては、トランザクションIDや送信元ポート番号をランダムにするなどの措置があり、過去に他分野本試験での出題実績もあります。ただ、本質的な対策ではありません。期待されているのがDNSの通信を暗号化／認証する**DNSSEC**です。

　ここまでのお話からすると、普及はゆっくりなんですね？

　DNSのしくみを入れ替えないといけませんし、古い（DNSSECでない）DNSを使い続ける人が多数にのぼることも考慮しないといけませんから。でも、徐々に普及していますよ。

　DNSSECでは、リソースレコードのハッシュ値からデジタル署名を作って、それを**RRSIGレコード**として登録します。DNSにリクエストを送信して返事をもらったクライアントは、公開鍵でRRSIGレコードを検証して、なりすましでないことを確認します。

◢ DNSSECの注意点

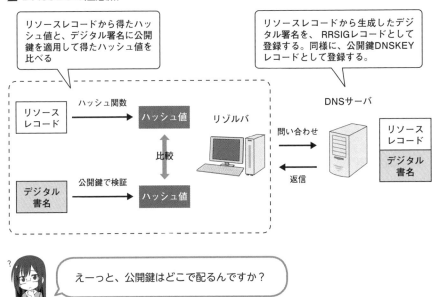

えーっと、公開鍵はどこで配るんですか？

DKIMと同じで、DNS自身に登録します。**DNSKEY レコード**といいます。

LESSON
02

セキュアプロトコル

▶ 古いものを捨てられないのです

IPのセキュア版、IPsec

この節では**セキュアプロトコル**について説明していきます。

安全なプロトコルってことですか。

　セキュアプロトコルって言い方自体が、だんだんなくなっていくかもしれませんね。たとえば、Web通信を行うプロトコルとして、かつてはHTTPが主流でしたが、これを**TLS**で暗号化した**HTTPS**が使われることが多くなっています。HTTPSでないと接続しないクライアントや、接続はするものの警告が出るようなケースもあります。

　すべてのプロトコルが安全であることを志向するようになっているんです。ただ、そうはいっても古いプロトコルは残っていますし、セキュアなプロトコルはオーバヘッドも大きいのですべてが対応するのは効率的でない点もあります。

　そこで、一般的なプロトコルをセキュアに包んであげるような機能に需要があるわけです。本試験でよく問われるのは**IPsec**と**SSL/TLS**です。

　IPsecは名前から言ってもIPのセキュア版ですね。IPに暗号化と認証の機能を付加するものです。IPv4ではオプション扱いでしたが、**IPv6**では標準化されています。IP（ネットワーク層）で暗号化をするので、IPが運ぶHTTPやSMTPをまるっと暗号化できますね。

それって、HTTPSやSMTPSはいらないってことですか？

　すべてのIP通信を暗号化したいわけではないですし、そうできるものでもないですから、個別のWeb通信やメール通信を暗号化できるHTTPSやSMTPSにももちろん意味があります。

　IPsecの使いどころは**VPN**（Virtual Private Network：仮想的な専用回線）

第5章 セキュリティ実装技術

ですね。トランスポートモードにも、トンネルモードにも対応しています。

　たとえばトンネルモードだと、VPN装置とクライアントの間は暗号化されませんから、やはりHTTPSやSMTPSには意味がありますよ。

◢ IPsec トランスポートモードのイメージ

トランスポートモードの暗号化範囲

◢ IPsec トンネルモードのイメージ

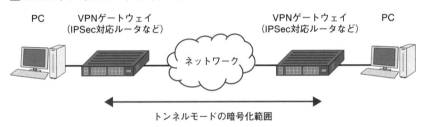

トンネルモードの暗号化範囲

　IPsecではデータ伝送に先立ってまず鍵交換を行い、その鍵を使って共通鍵暗号による暗号化通信をします。鍵交換のための交渉（ネゴシエーション）を**IKEフェーズ**、実際の暗号化通信を**IPsecフェーズ**と呼びます。

　IPsecではコネクションのことをSAといいますが、制御用の**ISAKMP SA**を1つと、データ伝送用の**IPsec SA**を2つ作ります。IPsec SAは上りと下りで別のコネクションにするので2つなんです。

◢ IPsecでのフェーズ

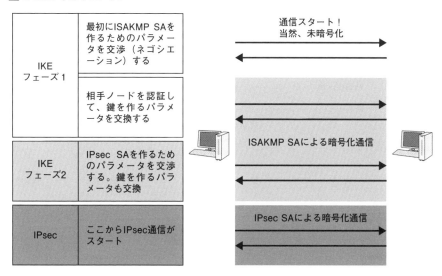

IPsecでは、もともとのIPでは想定していなかった暗号化と認証を行うので、追加の情報が必要です。そのために、**AHヘッダ**、**ESPヘッダ**と呼ばれる情報を追記します。

◢ パケットの比較

認証を行うだけならAHを、暗号化と認証を行うならESPを選択します。

分けておきたいSSLとTLS

TLSはWebでおなじみのセキュアプロトコルです。さきほど登場したHTTPSはHTTP over TLSのことでした。もともとHTTPを暗号化するために作られたプ

ロトコルでしたが、他の通信にも応用されています。

　SMTP over TLSはすでに学びましたし、POP over TLSなんてのもあります。×××over TLSって多いんですよ。

 あれ？ SSLはどこ行ったんですか？

　登場したときはSSLでしたが、国際標準化にともなってTLSになりました。SSLもまだ現役で動いていますが、脆弱性が発見されていますので利用は推奨されていません。

　日常生活では慣習でTLSをSSLと呼ぶこともありますが、本試験ではきっちり区別しましょう。

 TLSも暗号化プロトコルなんですよね。
IPsecがあるのに、TLSも使うんですか？

　どの層で暗号化したいかで使い分けますね。TLSはトランスポート層〜セッション層で動作するプロトコルです。IPsecだとノードごとに暗号化を行うことになりますが、TLSでは特定アプリケーションのみを暗号化することもできます。

　暗号化と認証の機能を提供しますが、もう少し細かく分けると、

・サーバ認証
・クライアント認証
・セッション暗号化

……の3つを行うんです。クライアント認証はオプション扱い（サーバが要求しなければ、別にやらなくていい）ですが、サーバ認証は必須です。

　サーバ認証にはデジタル証明書を使うので、HTTPS通信をするWebサーバは証明書を用意しないといけません。サーバ証明書は、発行時の審査の厳格さで3つの種類に分けられます。

■ 3種類のサーバ証明書

種類	概要
DV認証	いちばん簡易なやつ。ドメインの使用権を確認する。
OV認証	もうちょっと厳しいやつ。組織の実在も確認する。
EV認証	いちばんすごいやつ。CAブラウザフォーラムが出しているEVガイドラインを満たさないと発行されない。

EV認証というのは、なんだか大がかりですね。

見たことあると思いますよ。ブラウザのアドレスバーが緑色になったりして、いかにも「安全です！」ってアピールするやつ。

TLSもIPsecと同様に、まず鍵交換を行い、その鍵を使って共通鍵暗号による暗号化通信へと進んでいきます。あまり細かく問われることはありませんが、サーバ認証の手順も含まれることに注意してください。

TLSでは、サーバを認証し、鍵を交換するフェーズのことを**ハンドシェイク**と呼びます。

■ ハンドシェイクのイメージ

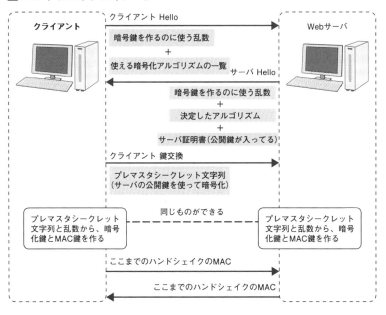

暗号化通信ができないところからスタートするので、鍵交換フェーズはどのプロトコルでも工夫のしどころです。TLSではサーバがデジタル証明書を送ってくるので、そこに含まれている公開鍵を使うことでクライアントからサーバへは安全な通信が可能です。

　そこでお互いに送信しあった乱数と、クライアントが生成して公開鍵暗号でサーバに送った**プレマスタシークレット**文字列を使って共通鍵と**MAC鍵**を作ります。
　めんどうなようですが、この方法であれば共通鍵そのものをネットワーク上でやり取りしなくてすみます。
　MAC鍵は暗号化通信に使うのではなく、改ざんを発見するための情報であるMAC（Message Authentication Code：メッセージ認証符号）の検証に用います。

 TLSで注意すべき出題ポイントはありますか？

　TLSに限らず、ネゴシエーションを行うプロトコルでは、「自分は古いプロトコルにしか対応してないんだ」と言い張って、脆弱性のあるプロトコルで通信を始め、それを攻撃する手法があります。

　TLSでは特に有名な攻撃方法があるので、注意しておいた方がいいでしょう。利用可能な中で最も弱い暗号アルゴリズムを強要するのが**ダウングレード攻撃**、新しいバージョンのTLSがあるのに古いバージョンを使われてしまうのが**バージョンロールバック攻撃**です。

使いやすいSSH

SSHとはセキュアシェルのことです。

 単に言い換えただけじゃないですか？

　すみません。まずシェルというのはインタフェースなんですよ。OSの中核部分（カーネル）を直接いじるのはハードルが高いですから、コマンドなどを用意して使いやすくするんです。

コマンドプロンプトを見たことがあると思います。コンピュータに対して、「ping」などのコマンドが使えるのはシェルがあるおかげです。

　で、あるコンピュータに対して遠隔ログインしてシェルを使うしくみが**telnet**です。

> telnetはなんか聞いたことがあります。

　telnetを使うと離れたコンピュータを操作できますから、とても便利です。ただ、古くからあるしくみなので、コンピュータ間の伝送が平文で行われます。現在の情報システム環境では不用心です。

　そこで暗号を使って安全に遠隔ログインするためのしくみが作られました。それがSSHです。

> ちょっと待った！ なんだか別のところでSSHって言葉を聞いたことがありますよ。遠隔ログインとは関係なかったような？

　いいですね！ そうなんですよ、SSHって便利で使いやすいので、別のアプリケーションなどにも応用されてるんです。たとえば、**SSH FTP (SFTP)** がそうで、これはFTPをSSHで暗号化したものです。

■ SSH FTPのイメージ

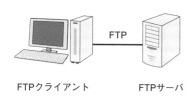
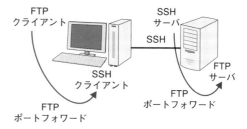

　あるポートに届いた通信を、別のポートに転送する「ポートフォワード」と組み合わせると簡単に暗号化通信を実装することが可能です。

セキュアOS、セキュアプログラミング

三日坊主になりがち

アクセス制御が厳密なセキュアOS

　セキュリティの取り組みは網羅的かつ持続的にやらないといけませんが、そうそう注意が持続しませんし、セキュリティ技術のすみからすみまで詳しくなるというもの無理があります。

　したがって、セキュアな環境を構築するのがとても大事です。そのために**セキュアOS**が重要だと言われています。

> きっと安全なOSなんでしょうね、
> ふつうのと何が違うんですか？

　アクセス制御のしくみがものすごく厳密で、オブジェクトごとに権限を設定しなければならないとか、管理者であってもいわゆる特権IDが使えないなどのしかけが用意されています。

　聞いたこともないような斬新なしかけがあるわけではないです。「まあ、ふつうに考えてそうなるよね」くらいの工夫なのですが、一般に普及している製品でそこまで徹底して作り込まないだろう、という水準になっています。

> あれ、世の中のOSを全部セキュアOSに
> すればいいじゃないですか。

　使いにくいですよ。特権IDでパソコンを使うのに慣れた人が、ゲストIDで仕事をしないといけない状況を想像していただければ、イメージがわくと思います。

　また、OSにとっては、これまでに積み上げたソフトウェア資産がとても重要ですが、セキュアOSで互換性は期待できません。ですので、特殊な用途でしか普及していないのが実状です。

　WindowsやMacOSがやっているように、セキュアOSといえるほど劇的な変化ではないけれど、パッチ配布やバージョンアップのタイミングで徐々に徐々にセキュアになっている、というアプローチもあるので、どちらも組み合わせて進めていくのが現実的です。

OSのセキュリティ水準を示す指標としては、第3章LESSON 01でも出てきた**ISO/IEC15408**が使われます。

◤ セキュアプログラミングの設計・実装原則

セキュアプログラミングは、すごいものなんでしょうか？

IPAはセキュアなプログラミングを機密性、完全性、可用性を維持する、脆弱性を作り込まないためのプログラミングと説明しています。それだけではぼんやりしていて理解が難しいので、次のような設計原則も示しています。

◤ セキュアなプログラミングの設計原則
・効率的なメカニズム
・フェイルセーフなデフォルト
・完全な仲介
・オープンな設計
・権限の分離
・最小限の権限
・共通メカニズムの最小化
・心理学的受容性

設計を踏まえての実装時の原則も記しておきますね。

◤ セキュアなプログラミングの実装原則
・すべての信頼されていないデータソースからの入力を検証する
・外部に渡すデータは渡した先で問題を起こさないように加工する
・コンパイラの警告に注意を払う
・セキュリティポリシ実現のための実装と設計を行う
・シンプルを維持する
・拒否をデフォルトにする
・最小権限の原則に従う
・多層防御を行う
・効果的な品質保証テクニックを使う
・セキュアコーディング標準を採用する

まだ抽象的ですね……この指示に添って行動できる気がしません。

　本試験対策としては、バッファオーバフローに注意をしてコードを読む点に気をつけましょう。

　実務だと、例えばscanf関数ではなく、scanf_s関数を使うとか色々テクニックがありますけど、本試験の出題では見たことがありませんから。

第**6**章

サンプル問題・過去問に挑戦！

LESSON 01 科目B試験対策

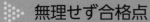

無理せず合格点

知識とテクニックを習得せよ

この章では、科目Bで合格点を取るためのテクニックを磨いていきましょう。科目Bの問題で得点するには、

> ・知識
> ・知識を活かし、短めのシナリオで攻めてくる問題文と照らし合わせ、○がつく解答を選択するためのテクニック

……の2つが要求されます。知識のほうは、科目Aの勉強で問題なく獲得できていますから、あとはテクニックだけです。

テクニックを身につけるには、過去問演習が最適です。しかし科目Bは始まったばかりですので、この本の刊行時点でまだ試験が実施されていません。IPAからサンプル問題が公開されており、この本でももちろんサンプル問題の解き方を詳しく解説しましたが、それだけでは演習量が足りません。

でも、大丈夫です。
情報処理技術者試験の場合、他分野の試験がたくさんありますので、それらの過去問を使うことで効率的に得点力を上げることができます。
他分野の過去問なんて役に立つのか？　といぶかる方もいるでしょう。情報処理技術者試験は次のような事情を抱えているので、いけます。それに、シラバス改訂前の旧試験の過去問にも、改訂後の内容に沿う良問があります。

■ 情報処理技術者試験の特性

> ・数種類の難易度（スキルレベル1～4）の資格があるので、新規技術などはまず難しい資格で出題し、陳腐化してきたらやさしい資格へ転用する
> ・常に出題者が不足しているので、過去問の有効活用（使い回し）が大好き（午後試験をそのまま使い回してくることはないですが、テーマは使い回します）

　サンプル問題とシラバスを分析し、このレベル、この分野の問題が出ると予想を立て、関連試験の過去問から良問を厳選しました。

　もちろん、この本の趣旨も忘れていません。「低空飛行型合格対策書籍」ですので、最小の努力で合格水準をクリアすることを目指して、必要なテクニックをまとめました。時間と努力のタイパとコスパが最高になるように、試験対策をしていきましょう！

第6章 サンプル問題・過去問に挑戦！

サンプル問題を解く！

▶ 実はやさしめ？

公開されているサンプル問題を見ていこう

> あのー、新試験のサンプル問題はずいぶん簡単だって聞きましたよ。
> もしかしてリニューアル前の午後問題に比べて楽勝なのではないですか！？

　いやいやいやいやいやいやいや。サンプル問題ってたいてい簡単なんですよ。資格試験も客商売ですから。サンプルであんまり難しい印象をつけてお客さんを逃がすとまずいんです。あと、作問って一般的に考えられているより、すごくすごーく大変なので、出題者もサンプルで本気出したくないんです。

　さて、以下がサンプル問題です。

問　　製造業のA社では，ECサイト（以下，A社のECサイトをAサイトという）を使用し，個人向けの製品販売を行っている。Aサイトは，A社の製品やサービスが検索可能で，ログイン機能を有しており，あらかじめAサイトに利用登録した個人（以下，会員という）の氏名やメールアドレスといった情報（以下，会員情報という）を管理している。Aサイトは，B社のPaaSで稼働しており，PaaS上のDBMSとアプリケーションサーバを利用している。

　　A社は，Aサイトの開発，運用をC社に委託している。A社とC社との間の委託契約では，Webアプリケーションプログラムの脆弱性対策は，C社が実施するとしている。

　　最近，A社の同業他社が運営しているWebサイトで脆弱性が悪用され，個人情報が漏えいするという事件が発生した。そこでA社は，セキュリティ診断サービスを行っているD社に，Aサイトの脆弱性診断を依頼した。脆弱性診断の結果，対策が必要なセキュリティ上の脆弱性が複数指摘された。図1にD社からの指摘事項を示す。

> （一）Aサイトで利用しているDBMSに既知の脆弱性があり，脆弱性を悪用した攻撃を受けるおそれがある。
> （二）Aサイトで利用しているアプリケーションサーバのOSに既知の脆弱性があり，脆弱性を悪用した攻撃を受けるおそれがある。
> （三）ログイン機能に脆弱性があり，Aサイトのデータベースに蓄積された情報のうち，会員には非公開の情報を閲覧されるおそれがある。

図1　D社からの指摘事項

設問　図1中の項番（一）～（三）それぞれに対処する組織の適切な組合せを，解答群の中から選べ。

解答群

	（一）	（二）	（三）
ア	A社	A社	A社
イ	A社	A社	C社
ウ	A社	B社	B社
エ	B社	B社	B社
オ	B社	B社	C社
カ	B社	C社	B社
キ	B社	C社	C社
ク	C社	B社	B社
ケ	C社	B社	C社
コ	C社	C社	B社

この手の情報を読み解くときのポイントってあるんですか？

　最初はざっと目をとおしておけば十分ですよ。推理小説の手がかり描写と一緒で、「森の中に木を隠して」いる状態ですから、正解を導くためのヒントも書かれていれば、単にそれが直接受験者の目に入らないように、どうでもいい情報を並べているだけのこともあります。

　設問を見て、「解くためにはこういう情報が必要だな」って当たりをつけないと、なかなか頭に入ってこないです。

じゃあ、最初に設問を読むのがいいですか？

　そういった解答戦略の人もいます。でも、最初に設問だけ読んでも、やっぱり意味がつかめないんですよね。設問から意味を読み取れる人は、そもそも得点力が高い人です。万人向けのやり方としては、最初にざっと問題文に目を通し、設問を確認して、また問題文に戻って、今度は必要な情報を中心に精読するのをおすすめします。

　ここで出てきてるA社のプロファイルは、ありがちといえばありがちなやつで、ここらあたりを頭に入れておきたいです。

・Aサイトで製品やサービスを検索可能
・ログイン機能を有している
・会員情報を管理している
・B社のPaaS上で稼働している

不正アクセスとか、会員情報の漏えいとか、
いかにも出てきそうですもんね。

　クラウドは、過去の試験では出題テーマとして扱われていましたが、今では当たり前になってきて、「出題テーマは×××なんだけど、そのシステムはクラウドで動いている」という設問がわんさかあります。

　一般化したから意識しなくていいのかといえばそんなことはなく、やはり自社が情報資源を持つオンプレミスとは注意すべき点が異なるので、気をつけて読み進めましょう。

　　　　　A社は，Aサイトの開発，運用をC社に委託している。A社とC社との間の委託
　　　契約では，Webアプリケーションプログラムの脆弱性対策は，C社が実施するとし
　　　ている。

Webアプリの脆弱性対策も、C社がやるんですね。

　そうですね、責任の所在と分担の明確化という意味では、重要な情報です。覚え

ておいてください。

　　最近，A社の同業他社が運営しているWebサイトで脆弱性が悪用され，個人情報が漏えいするという事件が発生した。そこでA社は，セキュリティ診断サービスを行っているD社に，Aサイトの脆弱性診断を依頼した。脆弱性診断の結果，対策が必要なセキュリティ上の脆弱性が複数指摘された。図1にD社からの指摘事項を示す。

> 情報処理技術者試験の世界では、
> ちょいちょい情報が漏えいしますね。

　現実の世界でも頻繁に起こってますから、それを反映しています。っていうか、事件が起こらないとシナリオが回らないじゃないですか。自社で問題を起こして調査に入るか、他社さんがやらかしたのを見て怖くなって調査に入るかの違いはありますが、とにかく何か起こるんですよ。

> で、D社に脆弱性診断を依頼したと。

　また会社が増えましたね。迷わないように登場人物を整理してください。すると、脆弱性が複数発見されてしまいます。

（一）Aサイトで利用しているDBMSに既知の脆弱性があり，脆弱性を悪用した攻撃を受けるおそれがある。
（二）Aサイトで利用しているアプリケーションサーバのOSに既知の脆弱性があり，脆弱性を悪用した攻撃を受けるおそれがある。
（三）ログイン機能に脆弱性があり，Aサイトのデータベースに蓄積された情報のうち，会員には非公開の情報を閲覧されるおそれがある。

図1　D社からの指摘事項

　脆弱性診断をやって指摘事項が3つなら御の字です。担当者は胸をなで下ろしたのではないでしょうか。あとは見つかった脆弱性が、「自分のせいじゃない」って言い張れれば、枕を高くして眠れます。

そんなことばっかり考えて仕事してたんですか？

どんなイノベーションをしても、保身を考えておかないとすべてを失ってしまうのが社会人ですから。

設問　図1中の項番（一）～（三）それぞれに対処する組織の適切な組合せを，解答群の中から選べ。

解答群

	（一）	（二）	（三）
ア	A社	A社	A社
イ	A社	A社	C社
ウ	A社	B社	B社
エ	B社	B社	B社
オ	B社	B社	C社
カ	B社	C社	B社
キ	B社	C社	C社
ク	C社	B社	B社
ケ	C社	B社	C社
コ	C社	C社	B社

これ、「脆弱性に対処する組織の適切な組合せ」とかもっともらしい言葉を使ってますが、一般的な日本語に超訳すると「誰が責任取るんだ？」「まさか俺じゃないよな」って話ですよね。ストレートに来たなあ。いや、実務で一番だいじなとこだから、良問なのかもしれません。まあ、1つ1つ検討していきましょう。脆弱性を見ていけばいいですね。

（一）Aサイトで利用しているDBMSに既知の脆弱性があり，脆弱性を悪用した攻撃を受けるおそれがある。

DBMSがやらかしてるようです。

Aサイトが使ってるDBMSです。でもAサイトってさっき検討したとおり、

・B社のPaaS上で稼働している

……のでした。PaaSは覚えてますか？

> えっと、Platform as a Serviceでしたよね。
> IaaSとSaaSの中間のやつ？

　そうです！ IaaSはインフラだけ、PaaSはインフラとプラットフォーム、SaaS
はインフラとプラットフォームとサービスを提供するクラウドサービス形態でした。

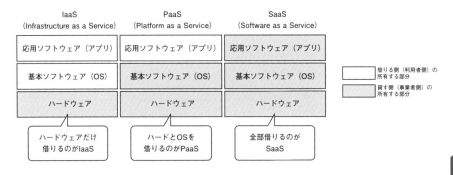

　「プラットフォーム」には、OSや開発環境、データベース、トランザクションモ
ニタなどが含まれますから、このDBMSはB社の管轄下です。B社が腹をくくって
直さないといけないやつです。

　（二）Aサイトで利用しているアプリケーションサーバのOSに既知の脆弱性があり，脆弱性を
　　　悪用した攻撃を受けるおそれがある。

> 今度はアプリの脆弱性ですか。PaaSだと、アプリ部分はA社が用意
> しているはずだから、A社が怒られちゃうんでしょうか？

　「アプリ」って言葉に引きずられますよね。ただ、よく見てみると、アプリの脆
弱性ではなくて、「アプリケーションサーバのOS」の脆弱性です。PaaSですから、
サーバとOSはクラウド事業者であるB社が用意しているはずで、これもB社が修
正しないといけません。

（三）ログイン機能に脆弱性があり，Aサイトのデータベースに蓄積された情報のうち，会員に
　　は非公開の情報を閲覧されるおそれがある。

> 個人情報まで閲覧されそうですよ。これってデータベースの問題ですよね。
> DBMSはB社が運用してるから……

　でも、「ログイン機能に脆弱性がある」ことに注意してください。これはAサイト
そのものの機能のはずです。

> あっ！ そうすると、A社がごめんなさいすることに！？

　ところが、発注元はなかなかそうしないんです。A社はお金がありますから、A
サイトの開発と運用をC社に委託していました。

> 　　A社は，Aサイトの開発，運用をC社に委託している。A社とC社との間の委託
> 契約では，Webアプリケーションプログラムの脆弱性対策は，C社が実施するとし
> ている。

　ご丁寧に、「Webアプリケーションプログラムの脆弱性対策は、C社が実施する」
と附則までつけています。お金持ちはごめんなさいしないんですよ。あやまって徹
夜の修正作業を行うのはC社です。

> 社会の縮図みたいな出題でしたね。

正解：オ

公開問題を解く！

基本情報技術者試験 R5 科目B 公開問題 問6

公開された問題を徹底解説

ここでは公開問題を解説していきます。

問6　A社は，放送会社や運輸会社向けに広告制作ビジネスを展開している。A社は，人事業務の効率化を図るべく，人事業務の委託を検討することにした。A社が委託する業務（以下，B業務という）を図1に示す。

・採用予定者から郵送されてくる入社時の誓約書，前職の源泉徴収票などの書類をPDFファイルに変換し，ファイルサーバに格納する。
（省略）

図1　B業務

委託先候補のC社は，B業務について，次のようにA社に提案した。
・B業務だけに従事する専任の従業員を割り当てる。
・B業務では，図2の複合機のスキャン機能を使用する。

・スキャン機能を使用する際は，従業員ごとに付与した利用者IDとパスワードをパネルに入力する。
・スキャンしたデータをPDFファイルに変換する。
・PDFファイルを従業員ごとに異なる鍵で暗号化して，電子メールに添付する。
・スキャンを実行した本人宛てに電子メールを送信する。
・PDFファイルが大きい場合は，PDFファイルを添付する代わりに，自社の社内ネットワーク上に設置したサーバ（以下，Bサーバという）1)に自動的に保存し，保存先のURLを電子メールの本文に記載して送信する。

注1)　Bサーバにアクセスする際は，従業員ごとの利用者IDとパスワードが必要になる。

図2　複合機のスキャン機能（抜粋）

A社は，C社と業務委託契約を締結する前に，秘密保持契約を締結した。その後，C社に質問表を送付し，回答を受けて，業務委託での情報セキュリティリスクの評価を実施した。その結果，図3の発見があった。

・複合機のスキャン機能では，電子メールの差出人アドレス，件名，本文及び添付ファイル名を初期設定[1]の状態で使用しており，誰がスキャンを実行しても同じである。
・複合機のスキャン機能の初期設定情報はベンダーのWebサイトで公開されており，誰でも閲覧できる。

注[1]　複合機の初期設定はC社の情報システム部だけが変更可能である。

図3　発見事項

そこで，A社では，初期設定の状態のままではA社にとって情報セキュリティリスクがあり，初期設定から変更するという対策が必要であると評価した。

設問　対策が必要であるとA社が評価した情報セキュリティリスクはどれか。解答群のうち，最も適切なものを選べ。

解答群

ア　B業務に従事する従業員が，攻撃者からの電子メールを複合機からのものと信じて本文中にあるURLをクリックし，フィッシングサイトに誘導される。その結果，A社の採用予定者の個人情報が漏えいする。

イ　B業務に従事する従業員が，複合機から送信される電子メールをスパムメールと誤認し，電子メールを削除する。その結果，再スキャンが必要となり，B業務が遅延する。

ウ　攻撃者が，複合機から送信される電子メールを盗聴し，添付ファイルを暗号化して身代金を要求する。その結果，A社が復号鍵を受け取るために多額の身代金を支払うことになる。

エ　攻撃者が，複合機から送信される電子メールを盗聴し，本文に記載されているURLを使ってBサーバにアクセスする。その結果，A社の採用予定者の個人情報が漏えいする。

A社が人事業務（B業務）をやっているのですが、これは本業（コアコンピタンス）ではないので、専門企業に委託しようというシナリオです。

典型的なアウトソーシングですね。

　そうですね、直接「アウトソーシング」を答えさせる問題ではないですが、問題文を読みながら用語が浮かぶようにしておくと、設問の設定条件を読み間違えなくなりますし、他の問題にも対処しやすくなります。

　で、アウトソーシング先のC社が、「こんなふうにやりますよ」と図2のように提案してくれました。

C社に任せるんだから適当にやっておいてよ、って感じではないんですね。

　はい、正直なところ、昔のアウトソーシングってそんな雰囲気だったのですが、今ではがっつり連携しないとかえって効率悪いぞと思われていますし、何より「サプライチェーン全体のセキュリティをしっかりさせよう」って思想が根付きました。
　いくら自社ばかりガチガチに安全にしても、取引先や子会社が狙われたら元も子もないですから。サプライチェーンが危険にさらされると実害が出るばかりか、「あそこは自社のことばかりで、サプライチェーンを育ててないぞ」とか叩かれます。

世知辛い世の中になりましたね。

　社会の透明度が上がったって言ってくださいよ。図2を見ると……

・従業員ごとに付与した利用者IDとパスワードをパネルに入力する
・PDFファイルを従業員ごとに異なる鍵で暗号化して、電子メールに添付する

　……と、なかなか良いことが書いてあります。

けっこう対策してるじゃないですか。
でも、抜けがあるんですよね？

　完璧なら試験の問題にならないですからね。ダメなところを発見しちゃうんですよ。
図3がそうです。
　わかりやすくダメな感じで、親切ですよね。

このあたりが気になりました。

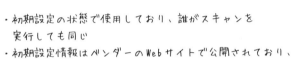

・初期設定の状態で使用しており、誰がスキャンを
　実行しても同じ
・初期設定情報はベンダーのWebサイトで公開されており、
　誰でも閲覧できる

　ばっちりです。よくあるパターンですが、よくあるがゆえに攻撃者は好んで狙っ
てきます。「初期設定で使っちゃダメ、みんなが差出人アドレスとか知ってますよ」
と言っても、訓練されていなければそれのどこがいけないのかわからないですから
ね、被害が後を絶ちません。
　問題の洗い出しはこれで十分ですが、最後で転ばないようにしてください。ここ
から導けるリスクを、解答群のなかから正確に選びます。さすがにちょっとひとひ
ねりが加えられていますよ。

　選択肢ウはどうでしょう。ファイルは従業員ごとに異なる鍵で暗号化されてますし、
それがぽろぽろ漏れているという記述もないので、まあ攻撃者といえど気軽に復号
はできないでしょうね。

選択肢エも除外できそうです。

　この出題者、盗聴が好きですね。メールは暗号化されていないのでワンチャン盗

聴したとしても、Bサーバにアクセスできないんですよ。図2の注にわざわざ、「B
サーバにアクセスする際は、従業員ごとの利用者IDとパスワードが必要になる」と
書いてあります。この選択肢を潰すための情報ですね。

選択肢イは？

　無理くり拡大解釈すれば、攻撃者が公開情報をもとにばんばんスパムメールとか
送ってきた。あまりにもスパムが日常化してしまったので、複合機から送られてく
るまっとうな電子メールもスパムと誤認するようになってしまった！　とか、考える
ことはできるのですが、本試験に受かるコツは無闇な拡大解釈や、仮説に仮説を重
ねるのをつつしむことです。
　試験マニア（私です）が重箱の隅をつついて、アトラクションとして楽しむぶん
には娯楽として成立しますが、コスパのいい合格からは遠ざかってしまうので、や
めておきましょう。

そうすると、選択肢アが正解ですか。

　はい、電子メールの差出人アドレス、件名、本文及び添付ファイルの初期設定情
報が公開されてて、かつC社が初期設定のままこれを運用しているのであれば、攻
撃者はいくらでもなりすましのフィッシングメールを送信できますから、誘導され
てしまう社員も出てくるでしょうね。これを是正すればOKなわけです。

　試験だからこれで正解ですけど、実務だったらC社とは契約しない方がいいと思
います。

正解：ア

さらにサンプル問題に挑戦

基本情報技術者試験 科目B サンプル問題

■ 実際の問題同様の「4問」に挑戦

こちらは追加で公開されたサンプル問題です。本番同様に4問

問17　製造業のA社では、ECサイト（以下、A社のECサイトをAサイトという）を使用し、個人向けの製品販売を行っている。Aサイトは、A社の製品やサービスが検索可能で、ログイン機能を有しており、あらかじめAサイトに利用登録した個人（以下、会員という）の氏名やメールアドレスといった情報（以下、会員情報という）を管理している。Aサイトは、B社のPaaSで稼働しており、PaaS上のDBMSとアプリケーションサーバを利用している。

　　A社は、Aサイトの開発、運用をC社に委託している。A社とC社との間の委託契約では、Webアプリケーションプログラムの脆弱性対策は、C社が実施するとしている。

　　最近、A社の同業他社が運営しているWebサイトで脆弱性が悪用され、個人情報が漏えいするという事件が発生した。そこでA社は、セキュリティ診断サービスを行っているD社に、Aサイトの脆弱性診断を依頼した。脆弱性診断の結果、対策が必要なセキュリティ上の脆弱性が複数指摘された。図1にD社からの指摘事項を示す。

項番1　Aサイトで利用しているアプリケーションサーバのOSに既知の脆弱性があり、脆弱性を悪用した攻撃を受けるおそれがある。
項番2　Aサイトにクロスサイトスクリプティングの脆弱性があり、会員情報を不正に取得されるおそれがある。
項番3　Aサイトで利用しているDBMSに既知の脆弱性があり、脆弱性を悪用した攻撃を受けるおそれがある。

図1　D社からの指摘事項

設問　図1中の各項番それぞれに対処する組織の適切な組合せを，解答群の中から選べ。

解答群

	項番1	項番2	項番3
ア	A社	A社	A社
イ	A社	A社	C社
ウ	A社	B社	B社
エ	B社	B社	B社
オ	B社	B社	C社
カ	B社	C社	B社
キ	B社	C社	C社
ク	C社	B社	B社
ケ	C社	B社	C社
コ	C社	C社	B社

　A社、B社、C社が登場しています。たくさんのプレイヤを出して受験者を惑わせるタイプの問題です。こういうのは、図に描き起こすとよいですよ。

　絵心はいりません。箇条書きでもいいんです。互いの関係がわかれば十分です。

- ✓　A社　ECサイトで個人向け製品販売。検索可能。ログイン可能
- ✓　B社　B社のPaaS上で、A社のECサイトが動いてる。DBMSとアプリを提供
- ✓　C社　A社のECサイトを開発、運用している。A社のWebアプリの脆弱性対策をする義務あり

> このくらいならなんとか図にできそうです。
> 並べてみるとすっきりしますね。

　そうなんです。国語の試験と同じで、問題文の中に解答根拠を含めておかないとちゃんと解けない問題になってしまいます。かといって、あまり目立つところにヒントを設置すると誰でも解けてしまって能力差を測定できないので、結果としてかくれんぼみたいな出題になるんです。

　それを解きほぐすには、シンプルな形で可視化するのが上策です。で、図1でいろいろ脆弱性が指摘されるのですが、それぞれ誰が対応しますか？　というのが出

題です。

確かに、これはまとめた情報と照らし
合わせていけば解けそうです！

項番1から検討していきましょう。これは引っかけ問題ですね。

A社のサイトのアプリケーションサーバの脆弱性だから、C社かな？
A社のWebアプリの脆弱性対策をする義務がありましたよね。

出題者はそこで惑わせることを意図しています。でも、よく読むと「アプリケーションサーバのOS」の脆弱性なんですよ。すると、OSは誰が提供しているんだ？という話になります。B社のPaaSが使われていますから、対処すべきなのはB社です。PaaSが提供するものの中に、OSが含まれていますよね。

続いて項番2です。これも「Aサイトに個人情報があるぞ〜」と頭に刷り込まされた後で、おもむろに「Aサイトにクロスサイトスクリプティングの脆弱性がある」と言い出してるんですよ。時間が切迫していたら、「A社かな？」と答えてしまいそうです。

なるほど。でも、クロスサイトスクリプティングを許すということは、
Webアプリに弱点があるということですよね。

はい、そして「Webアプリケーションの脆弱性対策は、C社が実施する」約束になっているので、対処すべきはC社です。

この調子で項番3も行ってみましょう。これはシンプルですよ。

DBMSに脆弱性があると書かれています。B社PaaS上のDBMSが使われていることは問題文に直接明記されているので、これはわかりやすいですね。

というわけで、正解はカであることが確定します。

正解：カ

問18　A社はIT開発を行っている従業員1,000名の企業である。総務部50名，営業部50
　　　名で，ほかは開発部に所属している。開発部員の9割は客先に常駐している。現在，
　　　A社におけるPCの利用状況は図1のとおりである。

1　A社のPC
・総務部員，営業部員及びA社オフィスに勤務する開発部員には，会社が用意したPC（以
下，A社PCという）を一人1台ずつ貸与している。
・客先常駐開発部員には，A社PCを貸与していないが，代わりに客先常駐開発部員がA
社オフィスに出社したときに利用するための共用PCを用意している。
2　客先常駐開発部員の業務システム利用
・客先常駐開発部員が休暇申請，経費精算などで業務システムを利用するためには共用
PCを使う必要がある。
3　A社のVPN利用
・A社には，VPNサーバが設置されており，営業部員が出張時にA社PCからインターネ
ット経由で社内ネットワークにVPN接続し，業務システムを利用できるようになっている。
規則で，VPN接続にはA社PCを利用すると定められている。

図1　A社におけるPCの利用状況

　　　A社では，客先常駐開発部員が業務システムを使うためだけにA社オフィスに出
　　社するのは非効率的であると考え，客先常駐開発部員に対して個人所有PCの業務利
　　用（BYOD）とVPN接続の許可を検討することにした。

設問　客先常駐開発部員に，個人所有PCからのVPN接続を許可した場合に，増加する
　　　又は新たに生じると考えられるリスクを二つ挙げた組合せは，次のうちどれか。解答
　　　群のうち，最も適切なものを選べ。
　（一）　VPN接続が増加し，可用性が損なわれるリスク
　（二）　客先常駐開発部員がA社PCを紛失するリスク
　（三）　客先常駐開発部員がフィッシングメールのURLをクリックして個人所有PCが
　　　　マルウェアに感染するリスク
　（四）　総務部員が個人所有PCをVPN接続するリスク
　（五）　マルウェアに感染した個人所有PCが社内ネットワークにVPN接続され，マル
　　　　ウェアが社内ネットワークに拡散するリスク

解答群

ア （一），（二）　イ　（一），（三）　ウ　（一），（四）

エ　（一），（五）　オ　（二），（三）　カ　（二），（四）

キ　（二），（五）　ク　（三），（四）　ケ　（三），（五）

コ　（四），（五）

　A社の社員さんは客先に常駐している人が多いみたいですよ。900人が開発部所属で、そのうち9割が客先常駐とあります。これは解答にあたって留意しておくべき情報です。A社で働く人と、客先に常駐する人では利用環境が異なりますから、実務ではトラブりがちなところですし、試験なら問題を作りやすいところです。ここでも、情報を整理することが重要です。

> A社オフィス
> ・1人1台PCを貸与している
> ・常駐組にはPCを貸与していないが、出社したときにそなえて共用PCがある
>
> 客先組
> ・A社のシステムを使うときには、（A社に出社して）共用PCを使わねばならない。休暇申請や経費精算時にその必要が生じる

うわ……これはひどい感じですね。

　休暇申請するためにふだん行かない本社に行くなんて、有給潰しか社内いじめかって感じですよね。A社もこりゃまずいと思ったのか、BYOD＋VPNを許可することにしたようです。そうすると、当然リスクも増えるだろうから、そのリスクを答えろって設問ですね。

どこから手をつければいいですか？

　まずVPN接続についての説明を読みましょう。図1の3です。本来は出張時のアクセスを想定しているようで、インターネット経由でのVPN接続によりA社内の業務システムを利用できます。ただ、A社PCを利用する定めがあります。

それを常駐組のために緩和してBYOD＋VPNにするってことですか。確かに脆弱性が生まれそうです。

　リスクを1つ1つ検討していきましょう。

（一）　**VPN接続が増加し、可用性が損なわれるリスク**……これは該当します。VPNという新しい要素が増えるので、故障やサービス停止、サービスレベル低下の確率は上がります。

（二）　**客先常駐開発部員がA社PCを紛失するリスク**……これは該当しませんね。そもそもこのリスクが嫌だから、常駐組にPCを貸与せずBYODにしてるわけです。

それって、私物ならなくしていいってことですか？
あ！リスク移転ですか！

　そこまで意地悪な会社じゃないと思いますよ。いままでも客先では客先のPCで作業してたんでしょうから、このBYODマシンは客先に持ち込むというよりは自宅で使う想定だと思います。

Bringしてない気がしますが。

　会社に持ってこずに自宅で使う場合も、BYODマシンっていいますね。まあそんなことまで考えなくても、この設問は解けますので本試験で沼にはまったりしないでくださいね。試験に関係ないとこは、少なくとも試験中は考えちゃダメです。

（三）　**客先常駐開発部員がフィッシングメールのURLをクリックして個人所有PCがマルウェアに感染するリスク**……これも該当しないことがわかると思います。個人所有PCを（社用であれ、私用であれ）使っていてマルウェアに感染する確率というのはあるわけですが、VPN接続を許可したから増加する理屈はありません。

（四）　**総務部員が個人所有PCをVPN接続するリスク**……これはサービス用の捨て選択肢ですね。総務部員はA社の内勤で、別にBYOD＋VPNを使う必要はありません。

でも、常駐組がVPN接続を始めたのを見て、うらやましくなって接続し始めるかもしれませんよね？

　そういう人は今回のきっかけがなくてもやってますよ。もともと出張の営業部員向けにVPN接続自体はあったわけですから。

設問と真摯に向き合う態度は必要なのですが、あんまり微粒子レベルの可能性を考え始めるときりがないというか、迷宮から出られなくなってしまうので、そこはばっさり思考から切り捨てましょう。

（五）マルウェアに感染した個人所有PCが社内ネットワークにVPN接続され、マルウェアが社内ネットワークに拡散するリスク……これは普通にありそうです。問題文に記載があるわけではないですが、一般論として私物PCのほうがマルウェア対策は後手に回りがちですし、よく管理されていないBYODがVPN接続されることで社内ネットワークが汚染されることはままあります。

正解：エ

問19　A社は従業員200名の通信販売業者である。一般消費者向けに生活雑貨，ギフト商品などの販売を手掛けている。取扱商品の一つである商品Zは，Z販売課が担当している。

〔Z販売課の業務〕

　現在，Z販売課の要員は，商品Zについての受注管理業務及び問合せ対応業務を行っている。商品Zについての受注管理業務の手順を図1に示す。

商品Zの顧客からの注文は電子メールで届く。

(1) 入力

　販売担当者は，届いた注文（変更，キャンセルを含む）の内容を受注管理システム[1]（以下，
Jシステムという）に入力し，販売責任者[2]に承認を依頼する。

(2) 承認

　販売責任者は，注文の内容とJシステムへの入力結果を突き合わせて確認し，問題が
なければ承認する。問題があれば差し戻す。

注[1]　A社情報システム部が運用している。利用者は，販売責任者，販売担当者などであ
　　る。

注[2]　Z販売課の課長1名だけである。

図1　受注管理業務の手順

〔Jシステムの操作権限〕

　Z販売課では，Jシステムについて，次の利用方針を定めている。

　[方針1]　ある利用者が入力した情報は，別の利用者が承認する。

　[方針2]　販売責任者は，Z販売課の全業務の情報を閲覧できる。

　Jシステムでは，業務上必要な操作権限を利用者に与える機能が実装されている。

　この度，商品Zの受注管理業務が受注増によって増えていることから，B社に一部
を委託することにした（以下，商品Zの受注管理業務の入力作業を行うB社従業員を
商品ZのB社販売担当者といい，商品ZのB社販売担当者の入力結果を閲覧して，不
備があればA社に口頭で差戻しを依頼するB社従業員を商品ZのB社販売責任者と
いう）。

　委託に当たって，Z販売課は情報システム部にJシステムに関する次の要求事項を
伝えた。

　[要求1]　B社が入力した場合は，A社が承認する。

　[要求2]　A社の販売担当者が入力した場合は，現状どおりにA社の販売責任者が
　　　　　承認する。

　上記を踏まえ，情報システム部は今後の各利用者に付与される操作権限を表1にま

とめ，Z販売課の情報セキュリティリーダーであるCさんに確認をしてもらった。

表1　操作権限案

利用者＼付与される操作権限	Jシステム		
	閲覧	入力	承認
（省略）	○		○
Z販売課の販売担当者	（省略）	（省略）	（省略）
a1	○		
a2	○	○	

注記　○は，操作権限が付与されることを示す。

設問　表1中の　a1　，　a2　に入れる字句の適切な組合せを，aに関する解答群の中から選べ。

aに関する解答群

	a1	a2
ア	Z販売課の販売責任者	商品ZのB社販売責任者
イ	Z販売課の販売責任者	商品ZのB社販売担当者
ウ	商品ZのB社販売責任者	Z販売課の販売責任者
エ	商品ZのB社販売責任者	商品ZのB社販売担当者
オ	商品ZのB社販売担当者	商品ZのB社販売責任者

問19の解説

　今度のA社は通信販売業者みたいです。科目Bの問題を解いているといろんな自分を体験できて、人生を何度も生きている愉快な気持になれますね！

　　そんな悦びに浸れる人はなかなかいませんよ。

　ちょっとでもモチベーションを上げようと思って空元気をぶん回してるんです。で、つらつらと問題を眺めるに、A社は商品ZをJシステムで売っています。

ややこしい。

　これは慣れてもらうしかないです。文章を解読しにくくして読み手を諦めさせるのは、稟議書でも行政文書でも入試問題でもよくありますよ。最後まで読み解いた者が得をするんです。

　そのJシステムのどの利用者に何の権限を付与するかを答えさせるみたいですね。もう一度、表を見てみましょう。

表1　操作権限案

付与される操作権限 利用者	Jシステム		
	閲覧	入力	承認
（省略）	○		○
Z販売課の販売担当者	（省略）	（省略）	（省略）
a1	○		
a2	○	○	

注記　○は，操作権限が付与されることを示す。

a1の利用者は閲覧しかできなくて、
a2の利用者は閲覧と入力ができるんですね。

　はい。それにふさわしい人は誰かを、問題文の他の部分から拾ってくれば正解できます。まず、利用者を総ざらいしてみましょうか。

えーっと、販売担当者と販売責任者？

　そうなんですけど、文章の途中で風向きが変わるんです。仕事がパンクしそうだから、B社にも手伝ってもらうって言い出すんですよ。で、B社の販売担当者、B社の販売責任者が出てくるので注意が必要です。本文中の言葉で言い直すと、次のようになります。

　　　　Z販売課の販売責任者（A社）
　　　　Z販売課の販売担当者（A社）
　　　　商品ZのB社販売責任者（B社）

商品ＺのＢ社販売担当者（Ｂ社）

> 会社は違いますが、販売責任者と販売担当者でくくっちゃダメですか？

ダメですね。

委託と書かれている場合、請負か準委任かといった話になって、細かな可能性も潰そうと考え始めるとまた迷宮に分け入っていく羽目になります。しかし、この出題者はやさしいので、次のように条件を明示してくれています。

委託に当たって，Ｚ販売課は情報システム部にＪシステムに関する次の要求事項を伝えた。

［要求1］　Ｂ社が入力した場合は，Ａ社が承認する。

［要求2］　Ａ社の販売担当者が入力した場合は，現状どおりにＡ社の販売責任者が承認する。

ですから、Ａ社のＺ販売課の販売責任者は承認権限を持ちますし、Ｂ社の社員は持ちません。また、解答を促す表１では、すでにＺ販売課の販売担当者は明示されていて検討の必要がありません。

したがって、a1、a2に入る可能性があるのは商品ＺのＢ社販売責任者（Ｂ社）、商品ＺのＢ社販売担当者（Ｂ社）だけなんです。

そうすると、Ａ社社員が選択肢に入っているア、イ、ウは正解になり得ず、この時点でエ、オの二択に絞ることができます。これ、相当易しく作ってくれている設問です。

> ここでコケたくないですね。

そうですね、ここに罠がしかけてあります。「おー、二択になったか。責任者と担当者だったら責任者のほうが権限が大きいだろうから、入力権限がついているa2が責任者だな！」って雑にやると引っかかるんですよ。

マジですか！

　実務レベルではヒラの担当者のほうが、あるシステムに対して大きな権限を持ってるって、あり得ますよね。へんに思い込むと危険ですので、汚れのない瞳で問題と向き合ってください。

> 　この度，商品Ｚの受注管理業務が受注増によって増えていることから，Ｂ社に一部を委託することにした（以下，商品Ｚの受注管理業務の入力作業を行うＢ社従業員を商品ＺのＢ社販売担当者といい，商品ＺのＢ社販売担当者の入力結果を閲覧して，不備があればＡ社に口頭で差戻しを依頼するＢ社従業員を商品ＺのＢ社販売責任者という）。

　必要なところを抜き出して単純化すると、次のようになります。

　商品ＺのＢ社販売担当者　→　商品Ｚの受注管理業務の入力作業を行う
　商品ＺのＢ社販売責任者　→　入力結果を閲覧して、不備があればＡ社に口頭で差戻しを依頼する

　この情報を照らし合わせると、担当者は閲覧権限も入力権限も必要ですが、責任者は閲覧さえできれば自分の仕事をまっとうできます。したがって、正解はエです。

正解：エ

> 問20　Ａ社は栄養補助食品を扱う従業員500名の企業である。Ａ社のサーバ及びファイアウォール（以下，FWという）を含む情報システムの運用は情報システム部が担当している。
> 　ある日，内部監査部の監査があり，FWの運用状況について情報システム部のＢ部長が図1のとおり説明したところ，表1に示す指摘を受けた。

- ・FWを含め，情報システムの運用は，情報システム部の運用チームに所属する6名の運用担当者が担当している。
- ・FWの運用には，FWルールの編集，操作ログの確認，並びに編集後のFWルールの確認及び操作の承認(以下，編集後のFWルールの確認及び操作の承認を操作承認という)の三つがある。
- ・FWルールの編集は事前に作成された操作指示書に従って行う。
- ・FWの機能には，FWルールの編集，操作ログの確認，及び操作承認の三つがある。
- ・FWルールの変更には，FWルールの編集と操作承認の両方が必要である。操作承認の前に操作ログの確認を行う。
- ・FWの利用者IDは各運用担当者に個別に発行されており，利用者IDの共用はしていない。
- ・FWでは，機能を利用する権限を運用担当者の利用者IDごとに付与できる。
- ・現在は，6名の運用担当者とも全権限を付与されており，運用担当者はFWのルールの編集後，編集を行った運用担当者が操作に誤りがないことを確認し，操作承認をしている。
- ・FWへのログインにはパスワードを利用している。パスワードは8文字の英数字である。
- ・FWの運用では，運用担当者の利用者IDごとに，ネットワークを経由せずコンソールでログインできるかどうか，ネットワークを経由してリモートからログインできるかどうかを設定できる。
- ・FWは，ネットワークを経由せずコンソールでログインした場合でも，ネットワークを経由してリモートからログインした場合でも，同一の機能を利用できる。
- ・FWはサーバルームに設置されており，サーバルームにはほかに数種類のサーバも設置されている。
- ・運用担当者だけがサーバルームへの入退室を許可されている。

図1　FWの運用状況

表1　内部監査部からの指摘

指摘	指摘内容
指摘1	FWの運用の作業の中で，職務が適切に分離されていない。
指摘2	(省略)
指摘3	(省略)
指摘4	(省略)

B部長は表1の指摘に対する改善策を検討することにした。

設問　表1中の指摘1について，FWルールの誤った変更を防ぐための改善策はどれか。解答群のうち，最も適切なものを選べ。

解答群

ア　Endpoint Detection and Response（EDR）をコンソールに導入し，監視を強化する。

イ　FWでの運用担当者のログインにはパスワード認証の代わりに多要素認証を導入する。

ウ　FWのアクセス制御機能を使って，運用担当者をコンソールからログインできる者，リモートからログインできる者に分ける。

エ　FWの運用担当者を1人に限定する。

オ　運用担当者の一部を操作ログの確認だけをする者とし，それらの者には操作ログの確認権限だけを付与する。

カ　運用担当者を，FWルールの編集を行う者，操作ログを確認し，操作承認をする者に分け，それぞれに必要最小限の権限を付与する。

キ　作業を行う運用担当者を，曜日ごとに割り当てる。

問20解説

　今度はファイアウォールの問題ですよ。内部監査でちくちく言われたみたいです。監査人にはいい人も多いですけど、できればかかわりたくないです。どきどきします。

選択問題なら逃げたいです。

　なにか悪いことしてるんですか？　まあ、そう言わずに解いていきましょうよ。図1のFWの運用状況を見ると嫌になっちゃいますけど、表1 内部監査部からの指摘はシンプルです。このくらいの指摘なら万々歳ですね。

表1　内部監査部からの指摘

指摘	指摘内容
指摘1	FWの運用の作業の中で，職務が適切に分離されていない。
指摘2	（省略）
指摘3	（省略）
指摘4	（省略）

うーん、設問はこんな感じですよね。

　設問　表1中の指摘1について，FWルールの誤った変更を防ぐための改善策はどれか。
　　　解答群のうち，最も適切なものを選べ。

　残念ですけど、表1と設問文を照らし合わせるだけでは、確度の低い推定しかできませんね。この2つを踏まえて、図1と照らし合わせていくんですよ。
　仮に表1と設問文だけで解答できちゃいそうでも、ちゃんと図1と照合したほうがいいですよ？　えいやで選択するのは、時間切迫のときだけにしてください。
　出題者は後から文句が出ないように必ず解答根拠を問題文に埋め込みます（少なくともそう努力します）。図1は情報量が多い分、活用すれば自信を持って解答できます。
　図1はいろいろ書かれていますけど、

・職務が分離されていない
・FWルールの誤った変更

この2点に絡んだ情報を抜き出せばシンプルになります。やってみましょう。

　　・FWの運用には，FWルールの編集，操作ログの確認，並びに編集後のFWルールの確認及び操作の承認（以下，編集後のFWルールの確認及び操作の承認を操作承認という）の三つがある。

これ三つと言いつつ、四つくらいありません？

　そこは持って回った試験用語ですし、わかりにくくすることで合格率をコントロールしたいでしょうから。でも、ちゃんと読み解けば3つに分離できますよ。

・FWルールの編集
・操作ログの確認、並びに編集後のFWルールの確認
・操作の承認

　FWルールを変更したいなら、編集も、確認も、承認も必要ですよね。この3ステップが必要なことは図1にも明記されています。

> ・FWルールの変更には，FWルールの編集と操作承認の両方が必要である。操作承認の前に操作ログの確認を行う。

　この3つの職務に別の要員が割り当てられていればいいのですが、たぶんどこかで混ざったり兼ねちゃったりしてるんですよ。

となると、IDの共用とかですか？

　可能性としてはありますけど、「職務が適切に分離されていない」だからちょっと性質が異なります。IDの共用だと、分離されててもダメですからね。この可能性は図1でも潰されています。

> ・FWの利用者IDは各運用担当者に個別に発行されており，利用者IDの共用はしていない。
> ・FWでは，機能を利用する権限を運用担当者の利用者IDごとに付与できる。

　また、この記述で運用担当者以外の人がなんかしてるのでは？　という可能性が潰されています。

> ・運用担当者だけがサーバルームへの入退室を許可されている。

第6章　サンプル問題・過去問に挑戦！

そもそも権限分けしてないんでしょうね。次の箇条書きで衝撃的な情報が飛び出してきます。

> ・現在は，6名の運用担当者とも全権限を付与されており，運用担当者はFWのルールの編集後，編集を行った運用担当者が操作に誤りがないことを確認し，操作承認をしている。

　6名の運用担当者に全権限付与しちゃってます。しかも、運用担当者がFWのルールの編集をした後で、自分で操作誤りの確認をして、承認までしちゃってます。これだと相互監視や相互牽制が働きません。

　分権管理するの面倒だし、ある役割の人が急に病欠になったりすると大変だしで、「みんなで全権限持ち合っちゃおうぜ！」は実務レベルではやりがちな運用ですけれど、この問題が指摘してくれているようにリスクは大きいです。試験でも、実務でも、選んじゃダメな運用方法です。

　ここまで方針を固めたら、与えられた選択肢から確実に正解を選ぶことができます。

> 担当者の職務と権限をちゃんと編集、確認、承認に
> 三分割しようという選択肢は、カだけです。

正解：カ

マルウェア感染への対応

情報セキュリティマネジメント H29春 午後問1

■ 本問のテーマ

- バックアップ
- マルウェアからの保護
- 運用状況の点検

問1　マルウェア感染への対応に関する次の記述を読んで，設問1〜3に答えよ。

　T社は従業員数200名の建築資材商社であり，本社と二つの営業所の3拠点がある。このうち，Q営業所には，業務用PC（以下，PCという）30台と，NAS 1台がある。

　PCは本社の情報システム課が管理しており，PCにインストールされているウイルス対策ソフトは定義ファイルを自動的に更新するように設定されている。

　NASは，Q営業所の営業課と総務課が共用しており，課ごとにデータを共有しているフォルダ（以下，共有フォルダという）と，各個人に割り当てられたフォルダ（以下，個人フォルダという）がある。個人フォルダの利用方法についての明確な取決めはないが，PCのデータの一部を個人フォルダに複製して利用している者が多い。

　Q営業所と本社はVPNで接続されており，営業社員は本社にある業務サーバ及びメールサーバにPCからアクセスして，受発注や出荷などの業務を行っている。

　なお，本社には本社の従業員が利用できるファイルサーバが設置されているが，ディスクの容量に制約があり，各営業所からは利用できない。

　T社には，本社の各部及び各課の責任者，並びに各営業所長をメンバとする情報セキュリティ委員会が設置されており，総務担当役員が最高情報セキュリティ責任者（以下，（CISOという）に任命されている。また情報セキュリティインシデント（以下，インシデントという）対応については，インシデント対応責任者として本社の情報システム課長が任命されている。さらに，本社と各営業所では，情報セキュリティ責任者と情報セキュリティリーダがそれぞれ任命されている。Q営業所の情報セキュリティ責任者はK所長，情報セキュリティリーダは，総務課のA課長である。

〔マルウェア感染〕

　ある土曜日の午前10時過ぎ，自宅にいたA課長は，営業課のBさんからの電話を受けた。休日出勤していたBさんによると，BさんのPC（以下，B-PCという）を起動して電子メール（以下，メールという）を確認するうちに，取引先からの出荷通知メールだと思ったメールの添付ファイルをクリックしたという。ところが，その後，画面に見慣れないメッセージが表示され，B-PCの中のファイルや，Bさんの個人フォルダ内のファイルの拡張子が変更されてしまい，普段利用しているソフトウェアで開くことができなくなったという。これらのファイルには，Bさんが手掛けている重要プロジェクトに関する，顧客から送付された図面，関連社内資料，建築現場を撮影した静止画データなどが含まれていた。そこで，Bさんは図1に示すT社の情報セキュリティポリシ（以下，ポリシという）に従って，A課長に連絡したとのことであった。

　A課長は，B-PCにそれ以上触らずそのままにしておくようBさんに伝え，取り急ぎ出社することにした。

8．インシデントへの対応
(1)　事象の発見と報告
　　当社の情報資産についてマルウェア感染，情報漏えいなどが疑われる事象を発見した従業員は，所属する拠点の情報セキュリティリーダに速やかに事象を報告する。報告を受けた情報セキュリティリーダは，速やかに事象を確認し，事象を当該拠点の情報セキュリティ責任者及びインシデント対応責任者（不在時は情報システム課員）に報告する。情報セキュリティ責任者は，情報資産の機密性，完全性，可用性に関する重大な被害が発生する可能性があると判断した場合には，インシデントの発生を宣言する。
(2)　被害拡大の防止
　　情報セキュリティリーダは，当該インシデントに係る被害の拡大を防止するための対策を当該拠点の従業員に指示する。
(3)　被害状況の把握，原因の特定及び影響範囲の調査
　　情報セキュリティリーダは，インシデント対応責任者と協力して，被害状況の把握，原因の特定及び影響範囲の調査を行う。
(4)　システムの復旧
　　情報セキュリティリーダは，インシデント対応責任者と協力して，特定された原因の除去と，システムの復旧に努める。
(5)　再発防止策の実施
　　情報セキュリティリーダは，インシデント対応責任者とともにインシデントの再発防止策を検討し，実施する。

図1　ポリシ（抜粋）

A課長がQ営業所に到着してB-PCを確認したところ，画面にはファイルを復元するための金銭を要求するメッセージと，支払の手順が表示されていた。A課長は，B-PCがマルウェアに感染したと判断し，K所長に連絡して，状況を報告した。この報告を受けたK所長は，インシデントの発生を宣言した。また，Bさんは，A課長の指示に従ってB-PCとNASからLANケーブルを抜いた。

　さらに，A課長がBさんに，他に連絡した先があるかを尋ねたところ，A課長以外にはまだ連絡していないとのことであった。そこで，A課長はインシデント対応責任者である情報システム課長に連絡したところ，情報システム課で情報セキュリティを主に担当しているS係長に対応させると言われた。そこで，A課長はS係長に連絡し，現在の状況を説明した。

　S係長によると，状況から見て　 a 　と呼ばれる種類のマルウェアに感染した可能性が高く，①この種類のマルウェアがもつ二つの特徴が現われているとのことであった。A課長はS係長に，今後の対応への協力と当該マルウェアに関する情報収集を依頼し，S係長は了承した。その後，A課長が状況の調査を更に進めていたところ，昼過ぎにK所長がQ営業所に到着したので，A課長はその時点までの調査結果をK所長に説明した。調査結果を図2に示す。

・B-PC上のファイルと，B-PCから個人フォルダに複製したファイルがマルウェアによって暗号化されており，開くことができない状態になっていた。一方，Bさんは，顧客から送付されたデータを営業課の共有フォルダに複製していたが，そのデータに異常は見られなかった。
・B-PCに表示されたメッセージによると，Bさんのファイルは AES と RSA の二つの暗号アルゴリズムを用いて暗号化されており，これが事実だとすると，復号することは極めて困難である。
・　 a 　によっては，暗号化されたデータを復号できるツールがウイルス対策ソフトベンダなどから提供されている場合もあるが，今回のマルウェアに対応しているツールはない。また，　 a 　によってはOSの機能を用いると暗号化される前のデータがOSの復元領域から復元できる場合もあるが，今回のマルウェアは，OSの復元領域を削除していた。
・今回のマルウェアは，金銭の受渡しに際して，②攻撃者の身元を特定できなくするための技術を利用している。
・B-PC以外のQ営業所のPCは全てシャットダウンされていた。

図2　調査結果

〔感染後の対応〕

　K所長とA課長は，金銭の支払に応じるべきか否かはQ営業所だけで判断できることではないが，それぞれの場合に想定される被害及び費用の項目は一応把握しておきたいと考えた。そこで，"支払った場合にはデータを確実に復元できるが，支払わなかった場合にはデータを復元できない可能性が高い"という前提の下で想定される被害及び費用の項目を，表1のⅠ～Ⅲに分けてリストアップした。

表1　想定される被害及び費用の項目

Ⅰ. 支払った場合にだけ，発生する又は発生するおそれがある項目	b
Ⅱ. 支払わなかった場合にだけ，発生する又は発生するおそれがある項目	c
Ⅲ. 支払っても支払わなくても発生する又は発生するおそれがある項目	(省略)

注記1　項目には，金額のほか，価値の喪失，損失といったものも含まれるものとする。
注記2　Ⅰ，Ⅱ，Ⅲは互いに排他的である。

　折よく，当該マルウェアに関する情報収集を行っていたS係長から，他社での対応事例の報告があった。これを受け，K所長とA課長は，表1作成時の前提を置かずに③対応について検討することにし，その結果を情報セキュリティ委員会に報告してCISOの判断を仰ぐことにした。

　夕方になって，本社で調査を行っていたS係長からA課長に連絡があり，今朝のマルウェア感染以降，Q営業所のネットワークから本社や外部への不審な通信は行われていないことが分かった。また，業務で利用している本社サーバにも特に異常は見られなかったという。

　これまでの調査から，被害はB-PC及びBさんの個人フォルダ内のファイルだけであったとA課長は判断し，Bさん用の新たなPCを準備するようS係長に依頼した。

　翌日の日曜日の朝，ウイルス対策ソフトの開発元から新たな定義ファイルが提供され，B-PCが感染していたマルウェアの検知と駆除が可能になった。そこで，その日の午後にT社の全てのPC，サーバ及びQ営業所のNASに対してマルウェアのスキャンを行ったところ，B-PC以外にマルウェアに感染していたものはなかった。また，暗号化されていたNAS上のデータに関しては，NASのデータのバックアップは実施されていなかったものの，NASの復元領域から一部を復元できることが判明し，業務への影響はある程度抑えることができた。

〔対策の見直し〕

　今回のインシデントを受けて，T社の情報セキュリティ委員会が開催された。A課長は，CISOから，今回のインシデントに関する問題点は何かと尋ねられた。A課長は，④データの取扱い及びバックアップに関するルールの内容が不十分であったことが問題点であったと回答し，次のことを提案した。

・データの取扱い及びバックアップに関するルールを全面的に見直し，全社的なルールを定めること

・本社のファイルサーバの容量拡大を早急に実施し，全社共通の利用ルールを定め，それに基づいて各営業所からも利用できるようにすること

・営業所でのNASの利用は半年以内に廃止すること

・NASの利用を暫定的に継続する間は，営業所では⑤今回の種類のマルウェアに感染することによってファイルが暗号化されてしまうという被害に備えたバックアップを実施し，あわせて⑥バックアップ対象のデータの可用性確保のための対策を検討すること

　これらの提案は情報セキュリティ委員会で承認された。T社はマルウェア感染を契機として情報セキュリティの改善を図ることになった。

設問1　〔マルウェア感染〕について，(1)〜(3)に答えよ。

　(1)　本文中及び図2中の　　a　　に入れる字句はどれか。解答群のうち，最も適切なものを選べ。

　　aに関する解答群

　　　ア　アドウェア　　　　　　　イ　キーロガー

　　　ウ　ダウンローダ　　　　　　エ　ドロッパ

　　　オ　ランサムウェア　　　　　カ　ルートキット

　　　キ　ワーム

　(2)　本文中の下線①について，この種類のマルウェアの特徴を，次の(ⅰ)〜(ⅶ)の中から二つ挙げた組合せはどれか。解答群のうち，最も適切なものを選べ。

　　（ⅰ）OSやアプリケーションソフトウェアの脆弱性が悪用されて感染することが多い

点

（ⅱ） Webページを閲覧するだけで感染することがある点

（ⅲ） 感染経路が暗号化された通信に限定される点

（ⅳ） 感染後，組織内部のデータを収集した上でひそかに外部にデータを送信することが多い点

（ⅴ） 端末がロックされたり，ファイルが暗号化されたりすることによって端末やファイルの可用性が失われる点

（ⅵ） マルウェア対策ソフトが導入されていれば感染しない点

（ⅶ） マルウェアに感染したPCの利用者やサーバの管理者に対して脅迫を行う点

解答群

ア （ⅰ），（ⅱ）　　　　　　　　イ （ⅰ），（ⅲ）

ウ （ⅰ），（ⅴ）　　　　　　　　エ （ⅱ），（ⅲ）

オ （ⅱ），（ⅳ）　　　　　　　　カ （ⅲ），（ⅴ）

キ （ⅲ），（ⅶ）　　　　　　　　ク （ⅳ），（ⅵ）

ケ （ⅴ），（ⅵ）　　　　　　　　コ （ⅴ），（ⅶ）

(3)　図2中の下線②について，当てはまる技術だけを挙げた組合せを，解答群の中から選べ。

解答群

ア　Bitcoin, SSL-VPN, Tor

イ　Bitcoin, Tor

ウ　Bitcoin，ゼロデイ攻撃

エ　Bitcoin，ポストペイ式電子マネー

オ　SSL-VPN, Tor

カ　SSL-VPN，ゼロデイ攻撃

キ　SSL-VPN，バックドア，ポストペイ式電子マネー

ク　Tor，バックドア，ポストペイ式電子マネー

ケ　ゼロデイ攻撃，バックドア

コ　ゼロデイ攻撃，バックドア，ポストペイ式電子マネー

設問2　〔感染後の対応〕について，(1)，(2)に答えよ。

(1)　表1中の　　b　　，　　c　　に入れる字句を，解答群の中から選べ。ここで，
次の[項目1]～[項目5]は，解答群の[項目1]～[項目5]と対応するものとする。

[項目1]攻撃者から要求されている金額

[項目2]再発防止に要する金額

[項目3]自力でのデータ復元の試みに要する金額

[項目4]犯罪を助長したという事実に起因する企業価値の損失

[項目5]マルウェアに感染したという事実に起因する企業価値の損失

b，cに関する解答群

　ア　[項目1]，[項目2]　　　　　　　イ　[項目1]，[項目2]，[項目3]

　ウ　[項目1]，[項目2]，[項目4]　　エ　[項目1]，[項目3]

　オ　[項目1]，[項目4]　　　　　　　カ　[項目2]，[項目4]

　キ　[項目2]，[項目5]　　　　　　　ク　[項目3]

　ケ　[項目4]　　　　　　　　　　　　コ　[項目5]

(2)　本文中の下線③について，支払に応じるべきではないと情報セキュリティ委員会
で報告するとしたら，その理由は何か。次の(ⅰ)～(ⅳ)のうち，適切なものだけを
全て挙げた組合せを，解答群の中から選べ。

(ⅰ)　金銭を支払うことによって，自社への更なる攻撃につながり得るから

(ⅱ)　金銭を支払っても，ファイルを復号できる保証がないから

(ⅲ)　外部業者にディジタルフォレンジックスを依頼すれば，暗号化されたデータを
確実に復号できるから

(ⅳ)　表1において，ⅠとⅡを比較した結果，Ⅰの方が，被害及び費用が小さいか
ら

解答群

　ア　(ⅰ)，(ⅱ)　　　　　　　　　　　イ　(ⅰ)，(ⅱ)，(ⅲ)

第6章　サンプル問題・過去問に挑戦！

ウ （ⅰ），（ⅱ），（ⅳ）　　　　エ （ⅰ），（ⅲ）

オ （ⅰ），（ⅲ），（ⅳ）　　　　カ （ⅰ），（ⅳ）

キ （ⅱ），（ⅲ）　　　　　　　ク （ⅱ），（ⅲ），（ⅳ）

ケ （ⅱ），（ⅳ）　　　　　　　コ （ⅲ），（ⅳ）

設問3 〔対策の見直し〕について，（1）〜（3）に答えよ。

（1）　本文中の下線④の直接的な結果として，何が起きたか。解答群の中から二つ選べ。

解答群

　ア　B-PCのOSの復元領域が削除されたこと

　イ　T社の業務サーバ及びメールサーバがVPNで営業所と接続され，受発注や出荷
　　　などのデータが送受信されたこと

　ウ　Q営業所でNASのデータのバックアップが実施されなかったこと

　エ　業務で利用するデータについて，何をNASに保存するか，PCに保存するかが
　　　人によってまちまちだったこと

（2）　本文中の下線⑤について，次の（ⅰ）〜（ⅳ）のうち，効果があるものだけを全て
　　　挙げた組合せを，解答群の中から選べ。

（ⅰ）　NAS上の特に重要なフォルダについては，定期的にBD-Rにデータを複製し，
　　　　BD-Rは鍵が掛かるキャビネットに保管する。

（ⅱ）　NASに定期的に別途ハードディスクドライブを追加接続してデータをアーカイ
　　　　ブし，終了後にハードディスクドライブを取り外して保管する。

（ⅲ）　NASにハードディスクドライブを増設し，RAID5構成にすることによってデ
　　　　ータ自体の冗長性を向上させる。

（ⅳ）　NASにハードディスクドライブを増設して，増設したハードディスクドライブ
　　　　にデータを常時レプリケーションするようにする。

解答群

　ア　（ⅰ）　　　　　　　　　　イ　（ⅰ），（ⅱ）

　ウ　（ⅰ），（ⅱ），（ⅳ）　　　エ　（ⅰ），（ⅲ）

オ （ⅰ），（ⅲ），（ⅳ）　　　　　カ　（ⅱ）

キ （ⅱ），（ⅳ）　　　　　　　　ク　（ⅲ）

ケ （ⅲ），（ⅳ）　　　　　　　　コ　（ⅳ）

(3) 本文中の下線⑥について，次の（ⅰ）～（ⅳ）のうち，効果があるものだけを全て
挙げた組合せを，解答群の中から選べ。

（ⅰ） バックアップした媒体からデータが正しく復元できるかテストする。

（ⅱ） バックアップした媒体を二つ作成し，一つは営業所に，もう一つは別の安全な
場所に保管する。

（ⅲ） バックアップした媒体を再び読み出せないようにしてから廃棄する。

（ⅳ） バックアップする際にデータに暗号化を施す。

解答群

ア （ⅰ）　　　　　　　　　　　　イ　（ⅰ），（ⅱ）

ウ （ⅰ），（ⅱ），（ⅲ）　　　　エ　（ⅰ），（ⅳ）

オ （ⅱ）　　　　　　　　　　　　カ　（ⅱ），（ⅲ）

キ （ⅱ），（ⅲ），（ⅳ）　　　　ク　（ⅱ），（ⅳ）

ケ （ⅲ）　　　　　　　　　　　　コ　（ⅲ），（ⅳ）

✒️ 設問1

(1) 空欄aに入れる字句が問われています。

　S係長によると，状況から見て ｜　a　｜ と呼ばれる種類のマルウェアに感染した可能
性が高く，①この種類のマルウェアがもつ二つの特徴が現われているとのことであった。
A課長はS係長に，今後の対応への協力と当該マルウェアに関する情報収集を依頼し，S
係長は了承した。その後，A課長が状況の調査を更に進めていたところ，昼過ぎにK所長
がQ営業所に到着したので，A課長はその時点までの調査結果をK所長に説明した。調査
結果を図2に示す。

- ・B-PC上のファイルと，B-PCから個人フォルダに複製したファイルがマルウェアによって暗号化されており，開くことができない状態になっていた。一方，Bさんは，顧客から送付されたデータを営業課の共有フォルダに複製していたが，そのデータに異常は見られなかった。
- ・B-PCに表示されたメッセージによると，BさんのファイルはAESとRSAの二つの暗号アルゴリズムを用いて暗号化されており，これが事実だとすると，復号することは極めて困難である。
- ・　　a　　によっては，暗号化されたデータを復号できるツールがウイルス対策ソフトベンダなどから提供されている場合もあるが，今回のマルウェアに対応しているツールはない。また，　　a　　によってはOSの機能を用いると暗号化される前のデータがOSの復元領域から復元できる場合もあるが，今回のマルウェアは，OSの復元領域を削除していた。
- ・今回のマルウェアは，金銭の受渡しに際して，②攻撃者の身元を特定できなくするための技術を利用している。
- ・B-PC以外のQ営業所のPCは全てシャットダウンされていた。

図2　調査結果

　設問の選択肢からも、空欄aの前後の文章からも、マルウェアの種類が問われていることは明白です。後はどの種類かを当てれば目的達成です。

- ・下線部①によれば、このマルウェアには2つの特徴がある
- ・図2によれば、ファイルがマルウェアによって暗号化されている
- ・図2によれば、金銭の受渡しを示唆している

　これらの記述から、空欄aがランサムウェアであることは確定です。

　金銭の受渡しの話がやや唐突に思えるのですが……。

　はい。お金の話は、この前の部分に出てくるんです。ちょっと深掘りして、確認してみましょうか。

　　A課長がQ営業所に到着してB-PCを確認したところ，画面にはファイルを復元するための金銭を要求するメッセージと，支払の手順が表示されていた。……

　出題者が設定した題意としては、この部分もちゃんと読み込んでランサムウェアだと確定して欲しいんですよね。ただまあ、全部読むのがめんどうだったり、時間

がなかったりといった事情があれば、空欄の前後を読むだけでも得点できる設問です。

　浮いた時間を他のもっと難しい設問に当てるもよし、たぶん大丈夫だとあたりをつけた設問の答えの根拠をもっと精密に探すもよし、限られた試験時間を有効に使ってください。

正解：a オ

（2）下線①について問われています。
これ、（1）でもう検討しましたよね。ランサムウェアがもつ二つの特徴を選べと。

> ・暗号化によってファイルが使えなくなる
> ・解除して欲しければ金を払えと言ってくる

　すでに特徴の抽出は済んでいますが、せっかくここまで考えたのに選択肢との照らし合わせでミスらないように、慎重に比較してください。

> （i）　これはマルウェア全般、不正アクセス全般に言えることです
> （ii）　ドライブバイダウンロードの説明です
> （iii）　ファイルを暗号化して使用不能にすることが多いですが、こんな特徴はありません
> （iv）　スパイウェアの説明です
> （v）　当たりです
> （vi）　ゼロデイや、シグネチャの更新漏れなど、チェックをすり抜ける可能性はいくらでもあります
> （vii）　当たりです

正解：コ

（3）下線②について問われています。攻撃者の身元を特定不能にする技術を知っているかどうか、試されています。
　すごくたくさんの要素が登場していますが、よく見ると、

- Bitcoin
- SSL-VPN
- Tor
- ゼロデイ攻撃

……のグループに分かれています。

　SSL-VPNとゼロデイ攻撃は、攻撃者の身元を隠すためのものではありませんから、これらが絡んでいる項目は除外できます。
　それに、もうちょっと深読みすると、

 すると、イ、エとクが残りますね。

　ア〜エはBitcoinグループですが、SSL-VPNとゼロデイ攻撃はすでに否定しました。また、ポストペイ式電子マネーは名前の通り後払いの電子マネーですので、クレジットカード連動にしろ、銀行口座連動にしろ、身元がわかっていないと使えません。したがって、イだけが候補として残ります。

　クはTorグループですが、先ほど否定したポストペイ式電子マネーが入っていますので、これもNGです。

イ　Bitcoin、Tor　が正解となります。

　選択肢の中では、Torだけちょっと難易度が高い用語のように思います。でも、いま一緒に解いたように、Torがわからなくても解けるような設問設計になってるんです。だから萎縮しないでくださいね。

　これは情報処理技術者試験あるあるで、ちょっと高度なものやマニアックなものも混ぜておきたい（出題者仕事してるなあ！　と思わせたい）んだけれども、実は知らなくても得点できるよ、という高度に政治的な作問手法です。

そもそもTorってなんなんですか？

　IPネットワークは送信元にも送信先にもIPアドレスが必要なので匿名性に乏しいのですが、これを匿名で利用しようとする技術です。プライバシーを守るために使う人も、犯罪のために使う人もいます。

正解：イ

📐 設問2

　(1) 空欄 b、c を埋めさせる出題です。
　空欄 b、c では、「お金を払ったときどうなるか」「お金を払わないとどうなるか」をシミュレーションしています。
　前後の文章も確認しておきましょう。こんな文言があります。

> ……"支払った場合にはデータを確実に復元できるが，支払わなかった場合にはデータを復
> 元できない可能性が高い"という前提の下で想定される……

ちょっと待った！　ずいぶん楽観的な前提じゃないですか！？

　いい指摘です。「お金を払ったら犯罪者はデータをきちんと復元してくれるだろう」なんて、夢にも思っちゃいけません。
　ただまあ、ここは試験の設定で、この前提を覆してしまうとそもそも設問が無効になってしまいますから、大人な態度でお付き合いください。

　空欄 b は、「支払った場合にだけ起こること、費用」ですから、

　［項目1］攻撃者から要求されている金額

　［項目4］犯罪を助長したという事実に起因する企業価値の損失

が該当します。

項目4はバレなければ、損失なくないですか？

対外的にはそうですけど、犯罪組織に資金を流してしまったのは事実ですから。また、犯罪組織がお金を払ったことをアピールする可能性もあり、秘密にしておけるとは考えない方がいいです。

　空欄 c は、「支払わなかった場合にだけ起こること、費用」です。ファイルが使えないままだと業務に重大な支障があり、「支払わなかった場合にはデータを復元できない可能性が高い」ので、自力で復旧しないといけません。そこで、

　［項目 3］自力でのデータ復元の試みに要する金額

が必要になります。

　この設問、払うとどうなるか、払わないとどうなるか、の 2 択だったら難易度低いんです。第三の項目として「どっちの場合にも起こること、費用」があるのがいやらしい。ここで間違えないようにしましょう。

　［項目 2］再発防止に要する金額
　［項目 5］マルウェアに感染したという事実に起因する企業価値の損失

　いずれにしろ、再発防止はしなきゃいけませんし、感染した事実も変わりません。

正解：b オ　c ク

　(2) 今度は下線③について問われました。

　　折よく，当該マルウェアに関する情報収集を行っていた S 係長から，他社での対応事例の報告があった。これを受け，K 所長と A 課長は，表 1 作成時の前提を置かずに③対応について検討することにし，その結果を情報セキュリティ委員会に報告して CISO の判断を仰ぐことにした。

　「対応について検討」とありますが、設問のほうには、それを詳細に展開する形で「支払に応じるべきではないと情報セキュリティ委員会で報告するとしたら、その理由は何か」と書かれています。
　これ、情報処理技術者試験名物の、あんまり存在意義がない下線です。下線③はなくても問題として成立してるんですよね。

「下線問題を作らないとダメだぞ」ってマニュアルがあるんでしょうね。

みんな、いろんな事情を抱えて生きてますからね。まあ、あまり下線に引きずられないようにしてください。で、その理由ですが、

（ⅰ）　金銭を支払うことによって，自社への更なる攻撃につながり得るから

（ⅱ）　金銭を支払っても，ファイルを復号できる保証がないから

（ⅲ）　外部業者にディジタルフォレンジックスを依頼すれば，暗号化されたデータを確実に復号できるから

（ⅳ）　表1において，ⅠとⅡを比較した結果，Ⅰの方が，被害及び費用が小さいから

（ⅰ）　これはその通りです。詐欺師は詐欺に引っかかったことのある人のリストを持っていて、集中的に攻撃します。「痛い思いをしたから、もう引っかからない」ではなく、「一度騙された人は、何度も騙される」経験則が成立しているんです。

ですので、「あー、お金払った」と思われたら、次回以降もターゲットになることでしょう。

（ⅱ）　犯罪者の言うことですから、「先生は怒ってないよ。なんでも話してごらん」と同じくらい信用できません。

（ⅲ）　そうそう復号できるものではないですし（設問の例ではAESとRSAを使っています）、ディジタルフォレンジックは暗号の解読とは無関係です。

（ⅳ）　これはどう思いました？

慎重に読んだんですけど、具体的な費用なんて書いてありましたっけ？

ないですよね。国家試験で「犯罪者にお金を払おう」なんて正解が出てくるわけないですから、それを根拠に排除しちゃってもいいんですけど、深掘りするとこんな記述を見つけられます。

……K所長とA課長は，表1作成時の前提を置かずに③対応について検討することにし……

「表1作成時の前提を置かずに～」とあるので、前提のもとで作られている表1を根拠にしちゃダメなんです。ここで蹴らせるのが、出題者の意図ですね。

はー、こんな根拠が。

　問い合わせがあったときに、「根拠はありません」とは言えないですから、出題者としては何重にも説明がつくように解答根拠を埋め込みます。問題を作った後も安心して暮らしたいですから。

　ただ、それをすべて必ず見つけろって言いたい訳ではないんです。上記のように、「埋め込まれた解答根拠とは違うだろうけど、どう考えてもこれが正解」と思ったら心を決めて、次の設問に時間を割いた方が総得点が高まると思います。
　出題者は解答根拠を2個埋め込んだけど、1個見つければ解答には十分ってこともありますしね。

正解：ア

設問3
　(1) 下線④が問われる番です。

　④データの取扱い及びバックアップに関するルールの内容が不十分であったことが問題点であったと回答し，次のことを提案した。

　データの取扱いとバックアップのルールが不十分だったと言っています。たしかにT社はかなり雑にデータを扱っています。

　……Q営業所には，業務用PC（以下，PCという）30台と，NAS 1台がある。
　　PCは本社の情報システム課が管理しており，PCにインストールされているウイルス対策ソフトは定義ファイルを自動的に更新するように設定されている。
　　NASは，Q営業所の営業課と総務課が共用しており，課ごとにデータを共有しているフォルダ（以下，共有フォルダという）と，各個人に割り当てられたフォルダ（以下，個人フォルダという）がある。個人フォルダの利用方法についての明確な取決めはないが，PCのデータの一部を個人フォルダに複製して利用している者が多い。

　被害はBさんのB-PCと、Bさんの個人フォルダ（NAS）だけだったことがわかっています。データを手元のPCと個人フォルダだけに残すのではなく、共有フォルダ（NAS）にもコピーしておけば、そしてそのNAS上のデータが世代管理されていれば、救えるデータはもっと多くなったはずです。

まさに、運用ルールの不備が貴重なデータ復元のチャンスを奪ったと言える状況です。

ア　マルウェアの挙動ですので、バックアップルールがちゃんとしていても削除されたことでしょう。
イ　図2によれば、このマルウェアはそういう動作をしていません。

> マルウェア感染以降，Q営業所のネットワークから本社や外部への不審な通信は行われていないことが分かった。また，業務で利用している本社サーバにも特に異常は見られなかったという。

　この記述でも、裏付けることができます。

ウ　バックアップされていれば、（バックアップのタイミングにもよりますが）もっと多くのファイルを救えた可能性があります。
エ　BさんはいろいろなファイルをB-PC（個人フォルダにも複製している）に保存していました。
　また、顧客からもらったファイルもB-PC（営業課の共有フォルダにも複製）に保存しています。このうち、B-PCと個人フォルダは暗号化されて使えなくなってしまい（一部は復元領域から復元）、共有フォルダだけが生き残った形です。
　もし、重要なファイルだけでも、「共有フォルダに複製を残す」ことになっていれば、ファイルを救えた可能性があります。

> NASの個人フォルダに保存したファイルは暗号化されちゃってますけど、それでもウは正しくなりますか？　バックアップを持ち出してきても、暗号化されたものが復元されるだけでは？

　深掘りですね。タイミングによってはそうなっちゃいますけど、たぶん可能性ありますよ。わざわざ、「NASの復元領域から一部を復元できることが判明し」と本文に書いてあるのは、ここで使って欲しいからだと思います。「（ちゃんとしたバックアップではない）復元領域からでも復元できたんだから、あのときバックアップとっておけばなー」というやつです。
　ただ、そこまで考えなくても、この設問は正解に持って行けますよ。

バックアップのルールが不十分　→　だからバックアップされてなかった

……は、十分成立してますから。

正解：ウ　エ

(2) いよいよ下線⑤が登場しました。

数字が大きくなってくるとボス感が強まります。前後をやや長めに確認してみましょう。

- データの取扱い及びバックアップに関するルールを全面的に見直し，全社的なルールを定めること
- 本社のファイルサーバの容量拡大を早急に実施し，全社共通の利用ルールを定め，それに基づいて各営業所からも利用できるようにすること
- 営業所でのNASの利用は半年以内に廃止すること
- NASの利用を暫定的に継続する間は，営業所では⑤今回の種類のマルウェアに感染することによってファイルが暗号化されてしまうという被害に備えたバックアップを実施し，あわせて⑥バックアップ対象のデータの可用性確保のための対策を検討すること

ルールを決めて、ファイルサーバを設置することになったようです。NASはちゃんと運用されてなかったようですし、かっちり管理するならファイルサーバの方がいいでしょう。

ただ、いきなり移行するわけにもいかないので、半年間の暫定運用が許容されています。

その暫定的に使っている間も、ちゃんとバックアップしとけよというのが下線⑤です。選択肢を検討していきましょう。

(i) 　これは効果があります。バックアップの取得と、その安全な保管です。

(ii) 　これも効果があります。バックアップの取得と、その安全な保管で、(i) と同様です。ハードディスクドライブ (HDD) を使うならつなぎっぱなしにもできますが、本番運用のNASと切り離して、NASが汚染 (暗号化) されたときにもHDDはクリーンなままにしておくことが重要です。

(iii) 　RAIDは可用性を増す技術ですが、バックアップではありません。HDDが1台壊れても継続運用できますが、データの複製があるわけではないので、汚染されたらそれまでです。

(iv) 　(ii) で検討しましたが、どこかの時点で取得したバックアップが本番データ

と切り離されていることがポイントになります。常時レプリケーションしていると、汚染データを同期してしまいます。

正解：イ

（3）最後の下線⑥です！
たどり着きましたね！

<u>⑥バックアップ対象のデータの可用性確保のための対策を検討すること</u>

> バックアップ対象のデータの可用性確保……？
> 日本語で言ってくれませんかね。

　一応、日本語なんです。でも、これを出題したくなるのはわかるんですよ。バックアップのしかけは作っておいたものの、復元（リストア）しようとしたら「容量不足で実はバックアップ取れてなかった」「夜間にバックアップするんだけど、終わる前に仕事が始まっていつも中断してた」「バックアップ媒体をフリスビーにして遊んでた」なんてシステムいっぱいあります。

> 必要なときに、ちゃんと使えるようにしとこうってことですね。

　その通りです。となると、この選択肢は難しくないと思うんです。

(i)　　テストはするにこしたことはありません。効果があります。
(ii)　　複数バックアップ、遠隔地（ってほどでもないけど）バックアップ、どちらも効果があります。
(iii)　　情報漏えい防止としては有効な対策ですが、可用性には関係ないです。
(iv)　　これも機密性保持の観点では有効ですが、可用性とは関係がありません。

正解：イ

📝 **解答まとめ**
設問1（1）a オ（2）コ（3）イ
設問2（1）b オ c ク（2）ア
設問3（1）ウ、エ（2）イ（3）イ

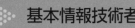

ログ管理システム

LESSON 06

基本情報技術者 H27秋 午後問1

■ 本文のテーマ

- ・ログ取得及び監視
- ・利用者アクセスの管理

問1　ログ管理システムに関する次の記述を読んで，設問1〜5に答えよ。

　中堅の製造業であるB社では，他社で発生した情報漏えい事件を受けて，社内の業務システムへの不正アクセスを早期に検知するための仕組みを強化することになった。B社では，業務システムのアクセスログ（以下，ログという）を一元管理するために，ログ管理システムを構築することにした。ログ管理システムの対象になる業務システムは，図1のネットワーク構成図に示す，勤務管理システム，販売管理システム，生産管理システム及び品質管理システムの四つである。各管理システムには，1台のサーバが割り当てられている。

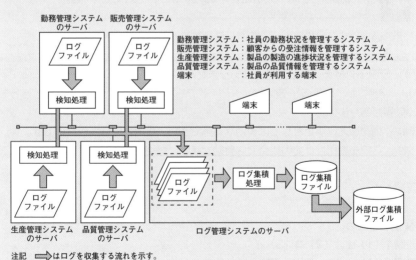

図1　ネットワーク構成図

〔業務システムの利用とログの説明(抜粋)〕

　B社の社員は，固定のIPアドレスが設定されている端末から，一意に社員を特定できる社員IDで，業務システムのうちの一つにログインし，“参照”，“更新”，“ダウンロード”の操作を行う。社員が，業務システムにログインしたときに“参照”のログがログファイルに書き込まれる。また，ダウンロードの都度，そのデータ量を記録したログがログファイルに書き込まれる。一人の社員が，同時に複数の業務システムを使わないこと，及び，業務システム全体からデータを1日に5Mバイトを超えてダウンロードしないことを業務システムの利用規定で定めている。

〔ログ管理システムの概要(抜粋)〕

　業務システムの各サーバ上のログファイルにログが書き込まれると，各業務システムに組み込まれている検知処理が，ログの書込みを検知し，そのログをログ管理システムのサーバ上の業務システム別のログファイルに書き込む。書き込まれたログは，ログ管理システムのログ集積処理が，各業務システムのログを一元管理するログ集積ファイルに書き込む。ログには，業務システムを識別するための業務IDや，社員が実施した操作を示す，“参照”，“更新”，“ダウンロード”の操作種別などが含まれている。

〔ログ管理システムの要件(抜粋)〕

　(1)　ログ集積ファイルを基に，いつ，誰が，どの端末からどの業務システムをどのように操作したかが追跡できる。

　(2)　ログ管理システムのサーバ上のログファイルに書き込む処理は，ログ管理システムへのログインを必要とする。

　(3)　ログ管理システムの管理者(以下，ログ管理者という)と業務システムの管理者(以下，業務システム管理者という)だけが，ログ集積ファイルを参照できる。

　(4)　ログ管理者は，ログ集積ファイルをログ管理システムから外部の機器に出力することができる。

　(5)　ログ管理システムから外部の機器に出力される外部ログ集積ファイルには，改ざんと漏えいを防止する対策を講じる。

　(6)　各サーバ間の通信には，公開鍵暗号方式を利用する。

　(7)　①ログ集積ファイルに書き込まれたログが一定条件を満たした際には，電子メー

ルでログ管理者に通報する。

〔ログ管理システムの概要（抜粋）〕及び〔ログ管理システムの要件（抜粋）〕を基に，表1
のログ管理システムの仕組み（抜粋）と，表2のログ管理システムへのアクセス権限表（抜
粋）を作成した。

表1　ログ管理システムの仕組み（抜粋）

No.	要件	仕組み
1	ログ管理システムのログ集積ファイルを基に，いつ，誰が，どの端末からどの業務システムをどのように操作したかが追跡できる。	・業務システムに組み込まれた検知処理が，ログ管理システムのサーバ上のログファイルに書き込む。 ・ログファイルのログをログ集積ファイルに書き込む。 ・　　a　　。
2	ログ管理システムから外部の機器に出力される外部ログ集積ファイルには，改ざんと漏えいを防止する対策を講じる。	・　　b　　。 ・　　c　　。

表2　ログ管理システムへのアクセス権限表（抜粋）

	ログ管理システムへのログイン	ログファイルへのアクセス	ログ集積ファイルへのアクセス
ログ管理者	可		RE
業務システム管理者	可		R
検知処理	d1	d2	

注記　網掛けの部分は表示していない。
　　　Rは参照，Eは外部へ出力，Wは書込みを示す。

設問1　表1中の　　　　　　に入れる要件を満たす仕組みとして適切な答えを，解答群の
　　　中から選べ。

　aに関する回答群

　　ア　各業務システムの稼働状況を監視する

　　イ　各業務システムの時刻を同期させる

　　ウ　検知処理のログ管理システムへのアクセスを監視する

エ　ログ集積ファイルへのアクセスを監視する

オ　ログ集積ファイルを圧縮する

b，cに関する解答群

ア　同一内容の複数個のログ集積ファイルを出力する

イ　ログ集積ファイルに電子署名を付加する

ウ　ログ集積ファイルの出力に当たっては，推測しにくい名称を付ける

エ　ログ集積ファイルのログ中の個人情報を削除する

オ　ログ集積ファイルを圧縮する

カ　ログ集積ファイルを暗号化する

設問2　ログ管理システムの要件を満たすために，日時，操作種別以外で全てのログに共通して含むべき項目を全て挙げた適切な答えを，解答群の中から選べ。

解答群

ア　業務ID，社員ID

イ　業務システムのサーバのIPアドレス，業務ID

ウ　業務システムのサーバのIPアドレス，業務ID，社員ID

エ　端末のIPアドレス，業務ID，社員ID

オ　端末のIPアドレス，社員ID

設問3　表2中の　　　　　　　に入れる適切な答えを，解答群の中から選べ。ここで，d1とd2に入れる答えは，解答群の中から組合せとして適切なものを選ぶものとする。

解答群

	d1	d2
ア	可	RE
イ	可	W
ウ	不可	E
エ	不可	RE
オ	不可	RW
カ	不可	W

設問4　業務システムの検知処理はログ管理システムのサーバ上のログファイルへ書き込む。この通信を暗号化するために最低限必要な公開鍵の数として適切な答えを，解答群の中から選べ。

解答群

　　ア　1　　　　　イ　4　　　　　ウ　8　　　　　エ　12

設問5　ログ集積ファイルを基に，業務システムへの不正アクセスを早期に検知するために，〔ログ管理システムの要件（抜粋）〕の下線①で言及している一定条件として適切な答えを，解答群の中から二つ選べ。ここで，解答群は，同じ社員IDのログに対する条件とする。

解答群

　　ア　1日中"参照"のログだけが書き込まれたとき
　　イ　1日の間に"更新"のログが1回以上，書き込まれたとき
　　ウ　ある業務システムの連続した"更新"のログの間に，別の業務システムのログが書き込まれたとき
　　エ　同じ業務システムの"参照"と"更新"のログが連続して書き込まれたとき
　　オ　業務システムからダウンロードされたデータ量が1日で5Mバイトを超えたとき
　　カ　特定の業務システムの"参照"のログが15分間，書き込まれていないとき

▨ 設問1

　ログの一元管理について、知識と応用力を試してくる問題です。システム構成としては一般的で、各サーバがログを送信し、ログ管理システムに集積します。各サーバ単体のログを取り扱う場合とは意識を切り替えていきましょう。

表1　ログ管理システムの仕組み（抜粋）

No.	要件	仕組み
1	ログ管理システムのログ集積ファイルを基に，いつ，誰が，どの端末からどの業務システムをどのように操作したかが追跡できる。	・業務システムに組み込まれた検知処理が，ログ管理システムのサーバ上のログファイルに書き込む。 ・ログファイルのログをログ集積ファイルに書き込む。 ・　　a　　。
2	ログ管理システムから外部の機器に出力される外部ログ集積ファイルには，改ざんと漏えいを防止する対策を講じる。	・　　b　　。 ・　　c　　。

空欄補充問題です。空欄aから行ってみましょう。要件としては、

- **いつ**
- **誰が**
- **どの端末から**
- **どの業務システムを**
- **どのように**

……操作したかを追跡したいわけです。

> 特に手当をしなくても、みんないけそうですけど……

　その通りで、挙げられている要件は、ログとしては極めて真っ当です。ただ、ログを集中管理するシナリオであることを思い出してみてください。コンピュータの時計っていい加減なんですよ。

> 時間……あっ、サーバごとに時刻設定が違うとまずいです！

　そうです！ ログは前後関係が重要ですから、サーバの時刻設定がばらばらだと後で検証できなくなってしまいます。こんなときのためにNTPが作られました。みんな時刻同期をしたいと考えていたので、需要があったわけです。

　不正解の選択肢も、サーバの運用としてはいいことを言っているのですが、設問

の条件に沿っていないことに注意してください。

正解：イ

空欄 b，c は簡単ですよ。ここは反射神経です。

えー。国家試験を反射神経で答えちゃダメですよ。

でも、要件は改ざん防止と漏えい防止ですからね。情報処理技術者試験のセキュリティ分野で、改ざん防止ときたらデジタル署名、漏えい防止ときたら暗号化です。

ここも、サーバの運用と考えると、誤答誘導選択肢もいいこと言ってるんですよ。ログファイルは膨大なログをためこんで、かつ長期間保存しますからできれば圧縮したいですし、ログ情報をデータサイエンスで活用したいなら個人情報を削除した方がトラブルなく使えるかもしれません。

なんとなく選択肢だけを読むと選んでしまいそうになるのですが、それで正解を引き当てられるほど甘くはないです。

まあ、時間が足りなくなったら、そうやって選びますけどね！

そうですね、減点はないタイプの試験ですから、「何かしら記入する」のはとっても大事です。

正解： イ、カ（順不同）

▲ 設問2

設問2へ進みましたが、ログ管理システムの要件は表1に示された仕様のままですので、うっかりしないように注意しましょう。
設問の条件としては、「日時、操作種別以外で」「全てのログに共通して含むべき項目」ですから、

> ・誰が
> ・どの端末から
> ・どの業務システムを

この3点がわかればOKです。
「誰が」は社員IDで、
「どの端末から」は端末のIPアドレスで、
「どの業務システムを」は業務IDで特定できます。

> このくらい絞り込めれば、選択肢から正しものを選べますね。

はい、一般論として解答してしまってもよい水準ですが、より慎重を期して問題文中に根拠を求めるなら、

〔業務システムの利用とログの説明（抜粋）〕

　B社の社員は，固定のIPアドレスが設定されている端末から，一意に社員を特定できる社員IDで，業務システムのうちの一つにログインし，"参照"，"更新"，"ダウンロード"の操作を行う。社員が，業務システムにログインしたときに"参照"のログがログファイルに書き込まれる。……

〔ログ管理システムの概要（抜粋）〕

……ログには，業務システムを識別するための業務IDや，社員が実施した操作を示す，"参照"，"更新"，"ダウンロード"の操作種別などが含まれている。

このあたりの記述が該当します。

正解：　エ

◢ 設問3

　空欄補充問題です。d1、d2を埋めるんですね。「検知処理」を行うに際して、ログ管理システムへのログイン、ログファイルへのアクセスに、それぞれどんな権限が必要かが問われています。

どんなふうに考えたらいいんですか？

　まず、「検知処理」が何をやるのかを確定させます。あくまでB社のシステムの検知処理ですから、「おお！　うちの会社で検知処理やったことあるぞ」と飛びつかないようにしてください。

〔ログ管理システムの概要（抜粋）〕

　業務システムの各サーバ上のログファイルにログが書き込まれると，各業務システムに

組み込まれている検知処理が，ログの書込みを検知し，そのログをログ管理システムのサ

ーバ上の業務システム別のログファイルに書き込む。

　ログ管理システムのログファイルに書込みを行うみたいです。ログファイルに対しては、書込み（W）権限がないと仕事できないですね。

ログ管理システムへのログインは？

　ログ管理システムの要件（抜粋）に記述があります。

　(2)　ログ管理システムのサーバ上のログファイルに書き込む処理は，ログ管理システ

　　　ムへのログインを必要とする。

　こんな記述見つけなくても、「ふつうサーバに何かを書き込むときはログインが必要だろう。えいやっ！」って解答しちゃっても、まずまず正解になるんですが、ひねった要件で攻めてくる可能性もゼロではないので、時間に余裕があれば問題文から根拠を探したいところです。

　そして、時間の余裕を作るためには、悩まなくて良い設問で微細な根拠を求めてうんうんなったり、高難易度で手に負えない設問や、覚えてなければ答えられない暗記問題で諦めきれずに時間を浪費することを避けましょう。

正解：イ

設問4

　あー、これ引っかけ問題に近いですよ。いくつだと思いますか？

えっ！？　急に言われても……。
えーと、ログの取得対象のサーバって何台ありましたっけ？

そう！　真面目にそう考えるとツボにはまっちゃうんですよ。

図1で親切に図説してくれてるんですけど、ログの流れって一方通行なんですよね。

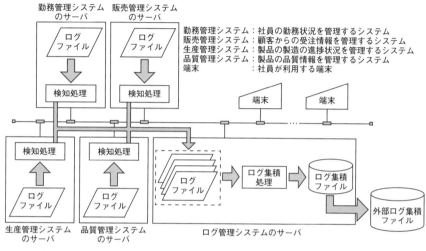

注記　はログを収集する流れを示す。

図1　ネットワーク構成図

とにかく、ログ管理システムにログを集めればいいんです。常に各業務サーバ→　ログ管理サーバへと情報が流れます。送信者は各業務サーバですから複数いますけど、受信者はログ管理サーバだけです。

この場合、鍵ペアって1対あれば通信できます。

そうか！　送信者には同じ公開鍵を配るんですね。

したがって、必要な公開鍵は1つです。

正解：ア

設問5

下線①について突っ込んできました。まずは下線①を見ましょう。

(7)　①ログ集積ファイルに書き込まれたログが一定条件を満たした際には，電子メールでログ管理者に通報する。

> やらかした社員を特定したいみたいですね。

　身も蓋もなく言えば、そうなります。で、何をもって「やらかし」とするかは、問題文に書いてあります。

〔業務システムの利用とログの説明（抜粋）〕

……一人の社員が，同時に複数の業務システムを使わないこと，及び，業務システム全体からデータを1日に5Mバイトを超えてダウンロードしないことを業務システムの利用規定で定めている。

　設問文にある、「ここで、解答群は、同じ社員IDのログに対する条件とする」は、上記の「一人の社員が」と対になっているわけです。

　5Mバイト上限のほうは、そのものずばりの選択肢があります。

　「同時に複数の業務システムを使わない」は、作問者のウとエで迷わせたい意図が透けて見えますが、エは「同じ業務システム」なので除外できます。

正解：　ウ、オ

解答まとめ

設問1 a イ b イ c カ（b、cは順不同）
設問2 エ
設問3 イ
設問4 ア
設問5 ウ、オ

LESSON
07

ファイルの安全な受渡し

基本情報技術者 H29春 午後問1

本問のテーマ

・情報の転送における情報セキュリティの維持

問1　ファイルの安全な受渡しに関する次の記述を読んで，設問1〜3に答えよ。

　　情報システム会社のX社では，プロジェクトを遂行する際，協力会社との間で機密情報を含むファイルの受渡しを手渡しで行っていた。X社は，効率化のために，次期プロジェクトからは，インターネットを経由してファイルを受け渡すことにした。

　　X社で働くAさんは，ファイルを受け渡す方式について検討するように，情報セキュリティリーダであるEさんから指示された。Aさんは，ファイルを圧縮し，圧縮したファイルを共通鍵暗号方式で暗号化した上で電子メール(以下，メールという)に添付して送信し，別のメールで復号用の鍵を送付する方式をEさんに提案した。しかし，Eさんから"①Aさんの方式は安全とはいえない"との指摘を受けた。

　　Aさんは，暗号化について再検討し，圧縮したファイルを公開鍵暗号方式で暗号化してメールに添付する方式をEさんに提案したところ，"その方式で問題はないが，相手の 　　a 　　を入手する際には，それが相手のものであると確認できる方法で入手する必要がある点に注意するように"と言われた。

設問1　本文中の下線①でEさんから指摘を受けた理由として，最も適切な答えを，解答群の中から選べ。

　解答群
　　ア　圧縮してから暗号化する方式は，暗号化してから圧縮する方式よりも解読が
　　　　容易である。
　　イ　圧縮ファイルを暗号化してもファイル名は暗号化されない。

07　ファイルの安全な受渡し | **239**

ウ　共通鍵暗号方式は，他の暗号方式よりも解読が容易である。

エ　ファイルを添付したメールと，鍵を送付するメールの両方が盗聴される可能性
がある。

設問2　本文中の　　　　　　に入れる適切な答えを，解答群の中から選べ。

aに関する解答群

　　ア　共通鍵　　　　　　　　イ　公開鍵　　　　　　　ウ　ディジタル署名
　　エ　パスワード　　　　　　オ　秘密鍵

設問3　次の記述中の　　　　　　に入れる正しい答えを，解答群の中から選べ。

　　次期プロジェクトでは，協力会社であるP社，Q社，R社及びS社と協業する。
プロジェクトの期間は，12か月である。Aさんは，各協力会社との間でファイルを
受け渡す方式について，Eさんから次のように指示されたので，更に検討を進め
ることにした。

〔ファイルを受け渡す方式に関するEさんからの指示〕
(1)　メールを使用する方式以外も検討すること。
(2)　ファイルを受け渡す方式は，協力会社ごとに異なっていてもよい。
(3)　協力会社間ではファイルを受け渡さない。
(4)　ある協力会社との間で，ファイルを受け渡すためにアカウントを登録する必
要があるシステムを使う場合，その会社からプロジェクトに参加する社員全員の
アカウントを登録すること。
(5)　受け渡すファイルの機密度に合った方式を選択すること。機密度には"低"と"高"
の2種類がある。X社のセキュリティポリシでは，機密度が"高"のファイルを，
オンラインストレージサービスを利用して受け渡すことを禁止している。
(6)　費用（初期費用とプロジェクト期間中の運用費用の合計）が最も安い方式を選
択すること。

各協力会社の参加人数及び受け渡すファイルの機密度は，表1のとおりである。

表1　協力会社の参加人数及び受け渡すファイルの機密度

協力会社	参加人数（人）	受け渡すファイルの機密度
P社	10	"低"だけ
Q社	5	"低"と"高"
R社	50	"低"だけ
S社	25	"低"と"高"

　Aさんは，ファイルを受け渡す方式として，次の三つの候補を検討した。

〔ファイルを受け渡す方式の候補〕
(1)　VPNとファイルサーバ
　　X社の拠点と協力会社の拠点との間でVPN環境を構築し，ファイルを受け渡すためのファイルサーバをX社に設置する。協力会社ごとに，異なるVPN環境の構築と異なるファイルサーバの設置を行う。この方式では，一つの協力会社につき，初期費用としてVPN環境の構築とファイルサーバの設置に100,000円，運用費用としてファイルサーバの運用及びVPN利用に，合わせて月額50,000円が掛かる。初期費用，運用費用ともに利用者数の多寡による影響はない。
(2)　オンラインストレージサービス
　　インターネット上で提供されているオンラインストレージサービスを利用してファイルを受け渡す。このサービスは，利用者にHTTP over TLSでのアクセスを提供しており，ファイルを安全に受け渡せる。この方式では，初期費用は掛からないが，運用費用として利用者1人当たり月額500円が掛かる。X社では，全社員がこのサービスを利用することにしたので，X社の社員についての運用費用はこのプロジェクトの費用には含めない。
(3)　暗号化機能付きメールソフト
　　公開鍵暗号方式を使った暗号化機能付きメールソフトを導入し，メールにファイルを添付して受け渡す。この方式を安全に運用するためには，導入時にプロジェクトの参加者全員に対して，メールソフトの利用方法などに関する研修が必要である。この方式では，初期費用として，メールソフトの導入及び研修に，利用者1人当たり30,000円が掛かるが，運用費用は掛からない。X社では，全社

員がこのメールソフトを利用することにしたので，X社の社員についての初期費用はこのプロジェクトの費用には含めない。

Aさんは，各協力会社との間でファイルを受け渡す方式について，Eさんからの指示に基づき協力会社ごとに選択すべき方式を検討した。その結果と，費用（初期費用とプロジェクト期間中の運用費用の合計）を，表2に示す。

表2　選択すべき方式とその費用

協力会社	選択すべき方式	費用（円）
P社	オンラインストレージサービス	60,000
Q社	b	
R社		
S社	c	d

注記　網掛けの部分は表示していない。

b，cに関する解答群

ア　VPNとファイルサーバ

イ　オンラインストレージサービス

ウ　暗号化機能付きメールソフト

dに関する解答群

ア　30,000　　　　イ　60,000　　　　ウ　150,000

エ　300,000　　　オ　700,000　　　カ　750,000

キ　1,500,000

設問1

ファイルの安全な受渡しについて試されてますね。

X社さん、ファイルの受渡しを手渡しでやってますよ！？
大丈夫ですか！？？？

手渡しといっても、紙に印刷して渡してるのか、USBメモリにでも入れて渡してるのか書いてありませんけど、そうしたフィジカルなモノの受渡しに関して絶対

的なインフラを持っていて、かつ、いくら手間とお金がかかっても構わない、という条件が入ればこれもアリですよ。

先端IT企業でも、「この要件を満たすためには、紙による情報の受渡しが良い」って判断する業務やプロセスはありますから。実業務では、選択肢を広く持っておく方が良いです。

ただ、情報処理技術者試験で、「デジタルより紙のほうがいいですよ！」って問題はほぼ出ないでしょうから、基子さんの反応は出題者の意図を正確に汲み取っていて、とても素晴らしいです。

Eさんから"①Aさんの方式は安全とはいえない"との指摘を受けた。

> AさんはEさんに「安全とはいえない」ってダメ出しされてしまいましたが。

現実の人間関係だと喧嘩になりそうな言い方ですね。なんで安全ではないのか、確認していきましょう。

……Aさんは，ファイルを圧縮し，圧縮したファイルを共通鍵暗号方式で暗号化した上で電子メール（以下，メールという）に添付して送信し，別のメールで復号用の鍵を送付する方式をEさんに提案した。……

> あっ、これは……

これはPPAPというやつですね。

暗号化したファイルをメールで送り、ファイルを復号するための鍵（パスワード）を2通目のメールで送ります。こうした試験問題での啓蒙もあってだいぶ減りましたが、いまだに高らかにこれを要求してくる企業や行政機関は多いです。

> 鍵を2通目のメールで送っちゃってるからダメなんですよね。

はい、ファイルをメールで送信するときの盗聴対策として暗号化しているわけですが、その鍵をメールで送ってしまえば盗聴されるリスクがあります。いくら分けたとはいえ、1通目が盗聴されるなら、2通目も盗聴されると考えるべきです。

まちがいなくダメってわかる方式ですけど、なんでまだ使われてるんですか？

　ちゃんと対策すると手間暇とお金がかかるからです。たとえ実効はなくても、「なんかやりました！」という姿勢さえ見せておけばOKなことって、多いじゃないですか。誰もやる気のない自己評価シートとか、誰も読まないその定期フォローアップとか。

　アリバイ工作というか、仕事ごっこの範疇ですが、マネジメントシステム作らなきゃ！　PDCAサイクル回さなきゃ！　をカタチだけなぞる負の側面ですね。

えー。効果がなければ、むしろやらないほうがいいのでは。

　でも、何もしないと怒られますからね。あと、今までなかった妙なルールを作ると、それを守らせる側の人に権力が発生しますから、得をする人も出てきます。だから、なかなかなくならないんですよ。

　というわけで、正解はエです。

正解：エ

◢ 設問2

空欄補充問題です。

　Aさんは，暗号化について再検討し，圧縮したファイルを公開鍵暗号方式で暗号化してメールに添付する方式をＥさんに提案したところ，"その方式で問題はないが，相手の　　a　　を入手する際には，それが相手のものであると確認できる方法で入手する必要がある点に注意するように"と言われた。

　PPAPはやめて、公開鍵暗号を使うことにしたようです。公開鍵暗号方式で相手に暗号文を送信するに際して、入手が必要なものと言えばアレ一択です。

公開鍵ですね！

　そうです！　注意しろと言われているのは、受信者を騙った偽受信者が偽公開鍵

を送ってくる可能性があるからです。これにはどう対策するのでしたっけ？

PKIを使って対策します。身元が確かめられた受信者の
公開鍵であることを、認証局が証明してくれます。

　はい、受信者はデジタル証明書を発行してもらって、それを送信者に送ります。
デジタル証明書には受信者の公開鍵が含まれていますが、その真正性を第三者であ
る認証局が証明するわけです。

正解：イ

設問3
　次期プロジェクトではファイルを受け渡す方式を刷新することになったようです。
要件は親切にまとめてくれてますね。

> 〔ファイルを受け渡す方式に関するEさんからの指示〕
> (1)　メールを使用する方式以外も検討すること。
> (2)　ファイルを受け渡す方式は，協力会社ごとに異なっていてもよい。
> (3)　協力会社間ではファイルを受け渡さない。
> (4)　ある協力会社との間で，ファイルを受け渡すためにアカウントを登録する必
> 　　　要があるシステムを使う場合，その会社からプロジェクトに参加する社員全員の
> 　　　アカウントを登録すること。
> (5)　受け渡すファイルの機密度に合った方式を選択すること。機密度には"低"と"高"
> 　　　の2種類がある。X社のセキュリティポリシでは，機密度が"高"のファイルを，
> 　　　オンラインストレージサービスを利用して受け渡すことを禁止している。
> (6)　費用（初期費用とプロジェクト期間中の運用費用の合計）が最も安い方式を選
> 　　　択すること。

これ、親切なんですか？

　上位カテゴリの試験になると、これらが長文のなかにちりばめられていて、自分
で箇条書きを作る必要がありますからね。だいぶ親切です。
　また、これを受けて協力会社各社と受渡しをするファイルの機密度も示されてい

ます。

表1　協力会社の参加人数及び受け渡すファイルの機密度

協力会社	参加人数（人）	受け渡すファイルの機密度
P社	10	"低"だけ
Q社	5	"低"と"高"
R社	50	"低"だけ
S社	25	"低"と"高"

　では、空欄を検討していきましょう。まず、Q社とS社にどんな受け渡し方法が
ふさわしいかです。

表2　選択すべき方式とその費用

協力会社	選択すべき方式	費用（円）
P社	オンラインストレージサービス	60,000
Q社	b	
R社		
S社	c	d

注記　網掛けの部分は表示していない。

　条件として与えられているもののうち、Q社とS社の特徴は機密度"高"のファ
イルを扱うことです。問題文中に、「X社のセキュリティポリシでは、機密度が"高"
のファイルを、オンラインストレージサービスを利用して受け渡すことを禁止」と
ありますから、受け渡し方式の候補として提示されている、

ア　VPNとファイルサーバ
イ　オンラインストレージサービス
ウ　暗号化機能付きメールソフト

のうち、オンラインストレージサービスは消えました。

　　　んん？？　そうすると、後の条件はVPNも
　　　暗号メールもクリアしそうです。

それはどのあたりでしょうか。

「協力会社間ではファイルを受け渡さない」が微妙だと思いましたが、VPNの説明に「協力会社ごとに、異なるVPN環境」とあります。

　はい、そうすると、最後のこいつが生きてきます。「その他」として処理すべき条件ですね。「例外」とか、「色々決めたけど、その他のぜんぶ」といった決めごとは試験でも実務でも盲点になりがちなので、意識しておきましょう。

　　(6)　費用（初期費用とプロジェクト期間中の運用費用の合計）が最も安い方式を選
　　　　択すること。

お金で比べろと。

　他の条件は満たしちゃってて、差がつきませんでした。お金の比較なら、多かれ少なかれ差が出てきますから。では、計算していきましょう。

VPNとファイルサーバを導入する場合
Q社
初期費用：　100,000円
運用費用：　月額50,000円　×　プロジェクト期間12か月　＝　600,000円

S社
初期費用：　100,000円
運用費用：　月額50,000円　×　プロジェクト期間12か月　＝　600,000円

暗号化機能付きメールソフト
Q社
初期費用：　1人当たり30,000円　×　5人　＝150,000円
運用費用：　0円

S社
初期費用：　1人当たり30,000円　×　25人　＝　750,000円
運用費用：　0円

VPNを使うとどちらも700,000円、暗号化メールを使うとQ社は150,000
円、S社は750,000円です。したがって、Q社は暗号化機能付きメールソフトを、
S社はVPNとファイルサーバを使うことになります。また、計算で導いたように、
S社の費用は700,000円（空欄d）です。

正解：　ウ、ア、オ

◢ 解答まとめ
設問1 エ
設問2 a イ
設問3 b ウ c ア d オ

アプリの更新漏れ

情報セキュリティマネジメント H31春 午後問3の一部

本問のテーマ

- **脆弱性管理**

問3　情報セキュリティの自己点検に関する次の記述を読んで，設問に答えよ。

第
6
章

サンプル問題・過去問に挑戦！

　マンション管理会社Q社は，マンションの管理組合から委託を受けて管理業務を行っており，契約している管理組合数は3,000組合である。東京の本社には，経営企画部，営業統括部，人事総務部，経理部，情報システム部，監査部などの管理部門があり，東日本を中心に30の支店がある。従業員数は，マンションの管理人（以下，管理員という）3,300名を含めて3,800名である。管理業務の内容は，管理組合の収支予算書及び決算書の素案の作成，収支報告，出納，マンション修繕計画の企画及び実施の調整，理事会及び総会の支援，清掃，建物設備管理，緊急対応，管理員による各種受付・点検・立会い・報告連絡などである。

　Q社は3年前に全社でISMS認証を取得しており，最高情報セキュリティ責任者(CISO)を委員長とする情報セキュリティ委員会を設置し，JIS Q 27001に沿った情報セキュリティポリシ及び情報セキュリティ関連規程を整備している。CISOは情報システム担当常務が務め，情報セキュリティ委員会の事務局は情報システム部が担当している。また，本社各部の部長及び各支店長は，情報セキュリティ委員会の委員，及び自部署における情報セキュリティ責任者を務め，自部署の情報セキュリティを確保し，維持，改善する役割を担っている。各情報セキュリティ責任者は，自部署の情報セキュリティに関わる実務を担当する情報セキュリティリーダを選任している。

　U支店には，支店長，主任2名，管理組合との窓口を務めるフロント担当者10名が勤務している。U支店の情報セキュリティ責任者はB支店長，情報セキュリティリーダは第1グループのA主任である。U支店に勤務する従業員には，一人1台のノートPC（以下，NPCという）が貸与されている。NPCにはディジタル証明書をインストールし，Q社のネ

ットワークに接続する際に端末認証を行っている。U支店では，Q社の文書管理規程に従い，顧客情報などの重要な情報が含まれる電子データは，U支店の共有ファイルサーバの所定のフォルダに保管する運用を行っている。U支店の共有ファイルサーバは，1日1回テープにバックアップを取得し，1週間分のテープを世代管理している。

　U支店が契約している管理組合数は80組であり，フロント担当者1名当たり5～10の管理組合を担当している。U支店が担当する管理組合のマンションはそれぞれ，管理事務室が1か所設置されており，管理員が1～2名勤務している。管理事務室には，管理員以外に，Q社従業員，マンション居住者が立入ることがある。多くのマンションでは，管理事務室の入室にマンションごとの暗証番号が必要である。暗証番号はおおむね2年ごとに変更される。管理事務室には，管理組合の許可を受けた上で，管理員とU支店の連絡用に，LTE通信機能付きNPCを1台設置し，インターネットVPN経由でQ社のネットワークと接続している。①管理事務室に複数の管理員が勤務する場合には，管理員間でNPC，利用者ID，パスワード，メールアドレスを共用している。

〔自己点検の規程及びチェック項目〕
　Q社では，自己点検規程及び内部監査規程を，表1のとおり定めている。

表1　自己点検規程及び内部監査規程（概要）

項目	自己点検規程	内部監査規程[1]
実施者	管理員を含めた全従業員自らが実施する。	監査部が実施する。監査人は，専門職としての知識及び技能を保持し，監査対象部署からの　 al 　を確保しなければならない。
報告先	情報セキュリティリーダが自部署の従業員の回答を評価し，情報セキュリティ責任者が確認の上，その結果を情報セキュリティ委員会に提出する。	監査責任者は，監査手続の結果とその関連資料から作成された監査調書に基づき，監査報告書を作成し，CISOに提出する。
実施頻度	月1回実施する。	年1回実施する。また，自己点検の結果に応じて適時実施する。
対象	管理員を含めた全従業員を対象とする。	監査対象をサンプリングによって抽出する。

（次ページへ続く）

評価の観点	a2　 を遵守してISMSを運用しているかを点検する。点検する項目は，各部，各支店では，情報セキュリティ責任者が，情報セキュリティ委員会の定めた自己点検における標準チェック項目を基に自己点検チェック項目（以下，チェック項目という）として設定している。	a2　 を遵守してISMSを運用しているか，　a2　 が，情報セキュリティポリシに準拠しているか，また法令の改正や，環境の変化に合わせて適切に改定されているかを評価する。
評価の手法	（省略）	規程文書などを確認して準拠性を評価し，　a3　 への質問・閲覧・観察などによって遵守性を評価する。
結果に対する改善	自己点検の結果に基づき，改善が必要な場合には，情報セキュリティ責任者が，情報セキュリティの改善及びチェック項目の見直しを行う。	（省略）

注1)　本規定は，経済産業省"情報セキュリティ監査基準"及び"システム監査基準"を基にQ社が作成した。

また，U支店では，チェック項目を図1のとおり設定している。

1　クリアデスクを実施している。
2　クリアスクリーンを実施している。
3　NPCのOSの更新履歴によって，自動更新の正常終了を確認している。
4　NPCのアプリケーションソフトウェア（以下，アプリケーションソフトウェアをアプリという）のバージョンが最新かをヘルプメニューで確認している。
5　退出後にNPCをセキュリティケーブルでロックしている。
6　退出時に顧客情報などの重要な情報を含む書類をキャビネットに施錠保管している。
7　プリンタに印刷物を放置していない。
8　顧客情報などの重要な情報が含まれる電子データを，NPC上ではなくU支店の共有ファイルサーバの所定のフォルダに保管している。
9　個人所有PCを業務で使用していない。

（省略）

図1　U支店のチェック項目

〔アプリの更新漏れ〕

　A主任は情報処理推進機構（IPA）の情報セキュリティサイトを見た際に，PDF閲覧ソフトにおいて任意のコードが実行されるという深刻な脆弱性に対する注意喚起が，2週間前から掲載されていることに気付いた。そこで，A主任が第1グループメンバのNPCについて，PDF閲覧ソフトのバージョンが最新かを確認したところ，最新ではないNPCが

2台あった。1週間前に実施した自己点検では，チェック項目4に全員が"はい"と回答していた。A主任が2台のNPCの利用者に確認したところ，他のアプリの更新は確認していたが，PDF閲覧ソフトの確認が漏れていたことが判明した。

A主任が，IPAの情報セキュリティサイトの参考情報から，脆弱性対策情報データベースを確認したところ，図のとおり記載されていた。

JVNDB-20XX-XXXXXX
PDF閲覧ソフトにおける任意のコードを実行される脆弱性
CVSSv3による深刻度
　　a　　値[1]：9.8（　　b　　）
　・攻撃元区分[2]：ネットワーク
　・攻撃条件の複雑さ：　c1　
　・攻撃に必要な特権レベル：　c2　
　・利用者の関与：　c3　
　・機密性への影響（C）：高
　・完全性への影響（I）：高
　・可用性への影響（A）：高

注[1]　値は，0～10.0で表現される。
　[2]　区分には，ネットワーク，隣接，ローカル及び物理がある。

図　PDF閲覧ソフトに対するCVSS v3の脆弱性評価結果（抜粋）

次は，図についての情報システム部のR課長とA主任の会話である。

R課長：CVSS v3の　　a　　評価基準は，脆弱性そのものの特性を評価する基準であり，評価には，攻撃の容易性及び情報システムに求められる三つのセキュリティ特性である，機密性，完全性，可用性に対する影響といった基準を用います。　　a　　評価基準は，時間の経過や利用環境の差異によって変化せず，脆弱性そのものを評価する基準です。図を見ると，このPDF閲覧ソフトの脆弱性の深刻度は　　b　　であり，"攻撃条件の複雑さ"，"攻撃に必要な特権レベル"，"利用者の関与"の全てにおいて，攻撃が成功するおそれが最も高い値を示しています。したがって，PDF閲覧ソフトは早急に更新が必要です。

A主任：アプリのバージョンが最新かを，簡単にチェックする方法はありませんか。

R課長：方法は二つあります。一つ目は，"MyJVNバージョンチェッカ"というIPAから無償提供されているソフトウェアを使う方法です。各利用者がNPCにインスト

ールされているアプリのバージョンが最新かを簡単にチェックすることができます。二つ目は　　d　　を導入する方法です。情報システム部で，各NPCのアプリのバージョンが最新かを管理し，一括してチェックすることが可能ですが，導入には費用が掛かります。実は，"MyJVNバージョンチェッカ"を全社で利用する準備のために，試用部署を探していました。しかるべき手続を経て，情報セキュリティ委員会の承認を受けるので，U支店で試用してもらえませんか。

　A主任は，B支店長の許可を得て"MyJVNバージョンチェッカ"の試用を開始し，"MyJVNバージョンチェッカ"がフロント担当者や管理員のITリテラシでも問題なく使用できることを確認し，B支店長とR課長に報告した。

　報告を受けたB支店長は，"MyJVNバージョンチェッカ"を全社に先駆けてU支店で継続して試用することについて，情報セキュリティ委員会の承認を受けた。

〔個人所有スマートフォンの業務利用〕

　最近，フロント担当者のKさんが仕事中に度々個人所有スマートフォン（以下，スマートフォンをスマホという）を使っているので，A主任がKさんに尋ねたところ，個人所有スマホを業務に使うことがあるとのことであった。

　Kさんは，②スマホの個人利用者向けチャットアプリ（以下，Mアプリという）を利用して，Kさんが担当するPマンションの管理組合（以下，P組合という）の理事からの問合せに回答したり，業務に関する情報を送信したりしているとのことであった。P組合の理事長から，次の理由で，Mアプリの使用を求められて，やむを得ず従ったとのことであった。

・P組合では，理事同士の情報共有にMアプリを利用している。

・問合せに対するKさんの返信がいつも遅く，おおむね3営業日以上掛かっている。Mアプリを利用すれば，Kさんがいつメッセージを読んだかが把握できる。

　なお，Q社は，③従業員が個人所有スマホを業務に利用することを，会社として許可していない。

　A主任は，Kさんが個人所有スマホを業務利用していること，及びスマホ用アプリの業務利用によって問題が発生することについて，B支店長に報告した。

〔チェック項目の見直し〕

　これまでの報告を受けて，B支店長は，図1のチェック項目の見直しが必要であると判断し，A主任に対して見直しを指示した。④A主任が示した見直し案をB支店長が承認し，見直されたチェック項目が翌月から使用されることになった。

〔Mアプリの調査〕

　Kさんは，P組合にMアプリが使用できなくなったことを連絡したが，P組合は，Mアプリの利用を強く要望するとのことであった。相談を受けたA主任が，Mアプリの機能と特徴を調べたところ，図3のとおりであった。

- Mアプリの連絡先（以下，AP連絡先という）に登録された相手とだけ，メッセージの送受信ができる。
- 送信相手がいつメッセージを読んだかを確認できる。
- Mアプリのメッセージは，スマホに保存される。
- Mアプリのアカウントは，スマホの電話番号に対応付けて登録される。
- スマホのアドレス帳（以下，アドレス帳という）に登録された相手と，自分の双方がMアプリを使用し，かつ，それぞれのMアプリに，アドレス帳へのアクセス許可を与えている場合，Mアプリのアカウントが相互のAP連絡先に自動登録される。
- 宛先グループを作成し，宛先グループ全員にメッセージを同時に送信できる。また，そのメッセージを宛先グループの各メンバがいつ読んだかを確認できる。
- 写真，音声，ビデオ，ファイル，URLなどを，メッセージに添付して送信できる。
- メッセージにJPEGファイルを添付した場合，撮影時に格納される各種データは自動的に削除される。
- 現在地の位置情報を自動的に取得して，メッセージに添付して送信できる。

図3　Mアプリの機能及び特徴（抜粋）

　A主任は，図3から，⑤Mアプリを業務連絡に利用することには，幾つかのリスクがあると考えた。更に調査したところ，Mアプリに業務用の機能を追加したアプリ（以下，BMアプリという）が存在することが分かった。BMアプリで追加された機能は，図4のとおりである。

> ・他のスマホのMアプリ又はBMアプリとの間でメッセージを送受信できる。
> ・BMアプリを導入した組織において，BMアプリの管理者を指定できる。
> ・管理者が，AP連絡先の管理を行え，AP連絡先の自動登録を禁止できる。
> ・管理者が，BMアプリのデータを遠隔から消去できる。
> ・管理者が，BMアプリを導入したスマホでのスマホ用アプリの利用を制限できる。
> ・誤って送ったメッセージの送信を取り消すことができる。

図4　BM　アプリで追加された機能（抜粋）

　A主任は，図4から，BMアプリには適切なセキュリティ機能が備わっていると考え，情報システム部に，個人所有スマホ及びBMアプリの業務利用について検討を依頼した。

　情報システム部は，個人所有スマホの業務利用に対する情報セキュリティリスクアセスメント及び⑥BMアプリの利用に対する情報セキュリティリスクアセスメントを実施した。さらに，その結果を情報セキュリティ委員会に報告し，許可を受けた上でBMアプリを試験導入し，問題がないことを確認した。

　P組合から強い要望を受けてから半年後，情報セキュリティ委員会は，必要な情報セキュリティ関連規定を整備し，チェック項目を再度見直した上で，全社的に個人所有スマホの業務利用をBMアプリなど会社が認めたスマホ用アプリに限定して許可した。これによって，Q社はP組合の要望に応えることができた。また，BMアプリの利用を広げたことによって，Q社と顧客との間の連携が強化された。

設問　〔アプリの更新漏れ〕について，(1)～(4)に答えよ。
(1)　図及び本文中の　　a　　に入れる字句はどれか。解答群のうち，最も適切なものを選べ。

aに関する解答群
　ア　環境　　　　　　イ　基本　　　　　　ウ　現状

(2)　図2及び本文中の　　b　　に入れる字句はどれか。解答群のうち，最も適切なものを選べ。

bに関する解答群

アウ　危険　　　　イ　緊急　　　　ウ　警告　　　　エ　重要

オ　注意　　　　カ　レベル4　　　キ　レベル5

(3)　図中の　　c1　　～　　c3　　に入れる字句の適切な組合せを，cに関する解答
群の中から選べ。

cに関する解答群

	c1	c2	c3
ア	高	低	不要
イ	高	低	要
ウ	高	不要	不要
エ	高	不要	要
オ	低	高	不要
カ	低	高	要
キ	低	低	不要
ク	低	低	要
ケ	低	不要	不要
コ	低	不要	要

(4)　本文中の　　d　　に入れる字句はどれか。解答群のうち，最も適切なものを選べ。

dに関する解答群

ア　BIツール

イ　CASB（Cloud Access Security Broker）

ウ　IT資産管理ツール

エ　UEBA（User and Entity Behavior Analytice）

オ　ソフトウェア構成管理ツール

カ　特権ID管理ツール

キ　ポートスキャナ

設問

（1）脆弱性管理について問う問題です。そのものずばりでCVSSの出題です。

えーっと、脆弱性がどのくらい深刻かを、世界共通の基準で示すんですよね。

そうです！ 特徴としては、基本評価基準、現状評価基準、環境評価基準の3つを持っていることです。

基本評価基準は脆弱性そのものの深刻度、現状評価基準は現在の深刻度、環境評価基準は利用環境も含めた最終的な深刻度です。それぞれ0.0〜10.0点に数値化します。基本評価基準は必須ですが、現状評価基準や環境評価基準は必要に応じて使います。

ヒントは問題文のなかにいろいろばらまかれていますが、わかりやすいのはここだと思います。

…… ┌─ a ─┐ 評価基準は、時間の経過や利用環境の差違によって変化せず、脆弱性そのものを評価する基準です。

正解： イ

（2）空欄aは基本評価基準でした。

その深刻度が問われています。基本評価基準も、現状評価基準も、環境評価基準も0.0〜10.0点で表され、0点が脆弱性なし、10点が脆弱性MAXです。それぞれ、次のように段階評価します。もともとはLow、Medium、Highとか説明されてるんですけど、日本語の重要や警告は意訳ですね。

緊急	9.0〜10.0
重要	7.0〜8.9
警告	4.0〜6.9
注意	0.1〜3.9
なし	0

下から、4刻み、3刻み、2刻み、1刻みでレベル分けしてるんですね。

そうですね、ここは暗記一発という感じの出題でした。あまり科目Bでやってほしい出題形式ではないですが、あり得ますね。

正解： イ

(3) 図2中のc1～c3を埋めさせる設問です。
選択肢がこれですね。

dに関する解答群

	d1	d2	d3
ア	高	低	不要
イ	高	低	要
ウ	高	不要	不要
エ	高	不要	要
オ	低	高	不要
カ	低	高	要
キ	低	低	不要
ク	低	低	要
ケ	低	不要	不要
コ	低	不要	要

うわっ、なんじゃこれ。こんなのわかんないよ！

ところがそうでもないんです。区分を知っていなくても答えを導けますよ。ここを見ましょう。

……図を見ると，このPDF閲覧ソフトの脆弱性の深刻度は □ b □ であり，"攻撃条件の複雑さ"，攻撃に必要な特権レベル"，"利用者の関与"の全てにおいて，攻撃が成功するおそれが最も高い値を示しています。

- **攻撃条件の複雑さ**
- **攻撃に必要な特権レベル**
- **利用者の関与**

この3つはまさに解答を求められている要素ですが、その「全てにおいて、攻撃

が成功するおそれが最も高い値」になってしまっているわけです。で、これらがどんなときに攻撃が成功するかと言えば、こうなります。

- 攻撃条件の複雑さ　→　かんたん
- 攻撃に必要な特権レベル　→　いらない
- 利用者の関与　→　いらない

　選択肢の言葉でおきかえると、低、不要、不要です。

正解：　ケ

　（4）これは基礎的な出題です。
　「情報システム部で、各NPCのアプリのバージョンが最新かを管理し、一括してチェックする」ためのシステムが問われています。どんな情報資産を持っているかをちゃんと把握するのがセキュリティの第一歩でしたが、それを自動化するツールです。
　実態としてはさまざまな名称で呼ばれていますが、選択肢のなかで該当しそうなものはウ（IT資産管理ツール）しかありません。

正解：　ウ

▨ 解答まとめ
設問 (1) a イ (2) b イ (3) c ケ (4) d ウ

業務委託先への情報セキュリティ要求事項

情報セキュリティマネジメント R1秋 午後問3

本問のテーマ

- 情報セキュリティ要求事項の提示（物理的及び環境的セキュリティ、技術的及び運用のセキュリティ）

問3　業務委託先への情報セキュリティ要求事項に関する次の記述を読んで,設問1～4に答えよ。

　X社は,携帯通信事業者から通信回線設備を借り受け,データ通信サービス及び通話サービス（以下,両サービスを併せてXサービスという）を提供している従業員数70名の企業である。X社には,法務部,サービスマーケティング部,情報システム部,利用者サポート部（以下,利用者サポート部をUS部という）などがある。X社では,最高情報セキュリティ責任者（CISO）を委員長とした情報セキュリティ委員会（以下,X社委員会という）を設置している。X社委員会では,情報セキュリティ管理規定の整備,情報セキュリティ対策の強化などが審議される。X社委員会の事務局長はUS部のS部長である。各部の部長は,X社委員会の委員及び自部における情報セキュリティ責任者を務め,自部の情報セキュリティに関わる実務を担当する情報セキュリティリーダを選任している。US部の情報セキュリティリーダはG課長である。

　US部には,25名の従業員が所属している。主な業務は,Xサービスを利用している顧客,及びXサービスへの新規の申込みを検討している潜在顧客（以下,Xサービスを利用している顧客及び潜在顧客を併せてX顧客という）からの問合せへの対応業務（以下,X業務という）である。

〔US部が利用しているコールセンタ用サービスの概要〕

　US部では,X業務を遂行するためにクラウドサービスプロバイダN社のSaaSのコールセンタ用サービス（以下,Nサービスという）を利用している。NサービスはISMS認証及びISMSクラウドセキュリティ認証を取得している。Nサービスには,会社から　貸与さ

れたPCのWebブラウザから，暗号化された通信プロトコルである　　a　　を使ってアクセスする。Nサービスは，図1の基本機能及びセキュリティ機能を提供している。

1　基本機能
　1.1　管理画面上で手動で実行できる機能（以下，手動実行機能という）
　　・顧客情報の検索，閲覧
　　・顧客との通話
　　（省略）
　1.2　自動で実行される機能（以下，自動実行機能という）
　　・顧客との通話の録音
　　（省略）
2　セキュリティ機能
　2.1　手動実行機能
　　2.1.1　アクセス制御の設定
　　　・NサービスにアクセスできるIPアドレスの登録，更新，削除
　　2.1.2　アカウント管理
　　　・Nサービスのログイン用のアカウントの登録，更新，削除
　　2.1.3　顧客情報の操作権限の設定
　　　・各アカウントに対する顧客情報の登録，更新，閲覧，削除の権限の設定
　　（省略）
　2.2　自動実行機能
　　2.2.1　監査ログ収集
　　　・Nサービスへのログイン及び手動実行機能を実行した時刻，アカウント，アクセス元IPアドレスなどのログの収集
　　（省略）

図1　Nサービスの基本機能及びセキュリティ機能

第6章 サンプル問題・過去問に挑戦！

Nサービスのデータベース（以下，NDBという）に，氏名，年齢，住所，利用中のサービスプラン，問合せ対応記録その他のX顧客に関する情報（以下，X情報という）は暗号化されて，また，検索用キーは平文で保存されている。①X情報は，US部の従業員に貸与しているPCにだけ格納した暗号鍵を用いて，US部の従業員が復号できる仕組みになっている。PCへのログインには利用者IDとパスワードが必要である。

X社では，Nサービスのセキュリティ機能のうち手動実行機能は，管理者アカウントをもつUS部の特定の従業員だけが実行できる。X社利用分の監査ログは，X社の情報システム部が常時監視している。

US部では，業務効率化の一環として，2019年10月にX業務の3割を外部に委託し，

残りの業務は継続してNサービスを利用しながらUS部内で遂行することにした。その委託先の第一候補がY社である。Y社を選んだ理由は，次の2点である。

・他の候補と比較してサービス内容に遜色がなく，しかも低価格であること
・秘密保持契約を締結した上で，業務委託に関わる範囲を対象とした，情報セキュリティ対策の評価に協力してくれること

〔Y社の概要〕

　Y社は，次のコールセンタサービス（以下，Yサービスという）を提供する従業員数200名の企業である。

・委託元に代わって顧客からの製品やサービスに関する様々な問合せや苦情などを受け付ける。
・委託元の製品やサービスの評判を新聞，雑誌などのメディア，インターネット上のSNS，掲示板などを基に調査し，委託元に報告する。著作物を複製する場合は，著作権者の許諾を得て行う。

　Y社はコールセンタシステム（以下，Yシステムという）を構築し，通常はそれを利用してYサービスを提供している。

　Y社の組織の主な業務及び体制を表1に示す。

表1　Y社の組織の主な業務及び体制（抜粋）

組織	主な業務	体制
人事総務部	（省略）	（省略）
営業部	（省略）	（省略）
カスタマサービス部（以下，Y-CS部という）	・Yサービスの企画立案 ・Yサービスの提供	T部長 課長：1名 主任：4名 一般従業員：5名 パートタイマ：50名
システム管理部	・Yシステム，Y社内に導入している入退管理システムなどのシステムの企画，開発，運用 ・情報セキュリティに関わる企画，開発，運用 ・Yシステムのデータベースの管理，障害対応及び機能改修[1]	部長：1名 F課長 主任：2名 一般従業員：8名 パートタイマ：0名

注記　一般従業員とは，管理職及びパートタイマを除く従業員をいう。主任以上を管理職という。
注[1]　本業務を実施する際に従業員がデータベースのデータにアクセスすることがある。

Y社は，従業員を対象に，原則４月及び10月の１日に社内の定期人事異動がある。また，これらの時期以外でも組織再編，業務の見直しなどの理由で人事異動がある。

　Y-CS部のパートタイマは，１年間で約２割が退職する。人事総務部は，欠員補充のために，ほぼ同数を新規に採用している。

〔Y社の情報セキュリティ対策〕

　Y社は，東京都内の７階建てビルの３〜５階に入居しており，他の階には別の企業が入居している。ビルの出入りは誰でも可能であり，階段やエレベータを使用して，各階に移動できる。Y社の入退管理を図２に示す。

・各階には業務エリアが一つずつある。各業務エリアには出入口が２か所あり，入室時に６桁の暗証番号によってドアを解錠する入退管理システムが設置されている。
・暗証番号は各業務エリアで異なる。
・システム管理部は，４月及び10月の１日に各業務エリアの暗証番号を更新する。暗証番号は，各業務エリアの入室権限を与えた従業員だけに事前に通知する。
・システム管理部の通知後は，人事異動によって配属された従業員への暗証番号の通知は各部で行う。
・共連れで入室すること及び他部の従業員に暗証番号を教えることは禁止している。
・Y社の従業員以外が視察や情報セキュリティ調査などの目的で業務エリアに入室する場合，Y社の管理職が同行し，入室中は指定のネックストラップを常時着用させる。
・各業務エリアの出入口付近には監視カメラが設置されており，毎日24時間録画している。
・業務エリアに出入りする際の持ち物検査は行っていない。

図２　Y社の入退管理

　３階はY-CS部の，また，４階及び５階は他部の業務エリアである。

　Y-CS部の管理職及び一般従業員は，５階の会議室で営業部の従業員と会議をすることが多いので，３階及び５階への入室権限が与えられている。

　３〜５階には，複合機が２台ずつ設置されており，コピー，プリント，スキャンの機能が使用できる。Y-CS部はスキャンの機能を使用して，新聞，雑誌などに紹介された委託元の製品やサービスに関する記事をPDF化し，委託元に報告している。スキャンしたPDFファイルは電子メール（以下，電子メールをメールという）にパスワードなしで添付されて，スキャンを実行した本人だけに送信される。PDFファイルの容量が大きい場合は，PDFファイルを添付する代わりにプリントサーバ内の共用フォルダに自動的に保存され，

保存先のURLがメールの本文に記載されて送信される。その際，メールの送信者名，件名，本文及び添付ファイル名の命名規則などは，複合機の初期設定のまま使用している。そのため，誰がスキャンを実行しても，メールの送信者名などは同じになる。複合機のマニュアルはインターネットに掲載されている。

　管理職にはデスクトップPC及びノートPCが，その他の従業員にはデスクトップPCが貸与されている。ノートPCは，社内会議での資料のプロジェクタによる投影，在宅での資料作成などに利用する。Y社が貸与しているPC（以下，Y-PCという）の仕様及び利用状況を表2に示す。

表2　Y-PCの仕様及び利用状況（抜粋）

PCの種類	仕様及び利用状況
デスクトップPC	1　セキュリティケーブルを使用して机に固定しており，鍵はシステム管理部が保管している。 2　社内の有線LANだけに接続できる。 3　インターネットには，DMZ上のプロキシサーバを経由してアクセスする。
ノートPC	1　社内外の無線LANに接続できる。有線LANには接続できない。 2　社外又は社内からインターネットにアクセスする場合，まずVPNサーバに接続し，自らの利用者アカウントを用いてログインする。その後，DMZ上のプロキシサーバを経由してアクセスする。 3　盗難防止のために，離席時はセキュリティケーブルを使用する。
共通	1　次の二つの制御が実装されている。 ・USBメモリなどの外部記憶媒体は，データの読込みだけを許可する。 ・アプリケーションソフトウェアは，Y社が許可しているものだけを導入できる。 2　業務上，外部記憶媒体へのデータの書出しが必要な場合及びアプリケーションソフトウェアの追加導入が必要な場合は，Y社内のルールに従って，システム管理部に申請する。 3　業務で使用するWebブラウザ及びメールクライアントが導入されている。 4　マルウェア対策ソフトが導入されており，1日に1回，ベンダのサーバに自動的にアクセスし，マルウェア定義ファイルをダウンロードして更新する。 5　表示された画面を画像形式のデータとして保存できる。

　プロキシサーバには次の機能があるが，現在は使用していない。
・指定されたURLへのアクセスを許可又は禁止する機能(以下，プロキシ制御機能という)
・利用者ID及びパスワードによる認証機能（以下，利用者認証機能という）

　プロキシサーバのログ（以下，プロキシログという）はログサーバに転送され，3か月間

保存される。プロキシログは，ネットワーク障害，不審な通信などの原因を調査する場合に利用する。プロキシログには，アクセス日時及びアクセス先IPアドレスが記録されるが，利用者認証機能を使用すると，Webサイトにアクセスした従業員の利用者IDも記録される。

VPNサーバにはパケットフィルタリングの機能及びあらかじめ設定したドメインへの通信を禁止する機能（以下，両機能を併せてVPN制御機能という）があるが，現在は使用していない。

〔Y社からの提案〕

Y社がX業務に利用するシステム又はサービスは表3に示す2案がある。X社からの特段の要求がなければ，Y社は案1を採用する。

表3　Y社がX業務に利用するシステム又はサービス

案	X業務に利用するシステム又はサービス	アクセスできる従業員
案1	Yシステム	・Y-CS部の主任のうち2名，一般従業員のうち2名，パートタイマのうち4名がYシステムにアクセスできる。
案2	Nサービス	・Y-CS部の主任のうち2名，一般従業員のうち2名，パートタイマのうち4名がNサービスにアクセスできる。 ・主任2名は，Nサービスの監査ログからX業務での操作履歴を確認できる。

〔X社委員会における案1及び案2の検討〕

X社委員会は，案2では，案1のもつ　　b　　できるので，案2の採否について議論した。X社委員会では，業務委託後の残留リスクを受容できると判断できた場合は，Y社に委託することにした。そこで，CISOは，業務委託に関わる範囲を対象としてY社の情報セキュリティ対策を確認し，X社委員会に報告するようS部長に指示した。

S部長は，G課長にY社の情報セキュリティ対策を確認して報告するよう指示した。S部長は，情報システム部に技術面での協力を依頼し，同部のH主任がG課長に協力することになった。

〔X社の情報セキュリティ要求事項と評価〕

G課長とH主任は，自社の情報セキュリティ管理規定を基に，X業務の外部への委託における情報セキュリティ要求事項（以下，X要求事項という）を取りまとめた。

X社とY社間で秘密保持契約を締結した後，G課長は，Y社を訪問した。G課長はY社の承諾を得た上で，X要求事項を基に，Y-CS部従業員へのヒアリング及び設備状況の目視による確認などを行った。その際，T部長及びF課長に同行を依頼した。その後，表4のとおり評価結果と評価根拠をまとめてY社に事実確認を依頼したところ，"事実だ"との回答があった。評価結果は次のルールに従って記入した。

・要求事項を満たす場合："OK"

・要求事項を満たさない場合："NG"

表4　X要求事項に対するY社の対策の評価結果と評価根拠（抜粋）

項番	要求事項	評価結果	評価根拠
5	X業務でNサービスへのアクセスが可能な業務エリアはY-CS部の業務エリアだけに限定すること	NG	・現状のままでは，Y社でNサービスにアクセスできるようになったら，　　c　　が，3階以外からNサービスにアクセスできてしまう。 ・（省略）
8	X業務を実施する業務エリアへの入室は，入室権限が与えられている従業員だけに制限すること	NG	入室権限に，次の2点の不備がある。 ・　　d　　 ・　　e
12	（省略）	NG	・②複合機が初期設定のままになっている。
13	X業務には，Y社貸与のPCを使用すること	OK	（省略）
14	X業務で使用するPCでは，外部記憶媒体へのアクセスを禁止すること	NG	・Y-PCで実装している技術的な制限では，外部記憶媒体のデータの読込みが可能となっている。
18	インターネット上のWebサイトへのX情報の持出しをけん制する対策があること	NG	（省略）

〔評価結果に対する対応案の検討〕

　後日，G課長はT部長とF課長に，Y社と業務委託契約をしたいと伝え，その前提として，評価結果が"NG"の要求事項への対応を依頼した。Y社はG課長に③対応案を伝えた。G課長はH主任と相談の上，対応案をS部長に報告した。

　S部長が表4及び対応案をX社委員会に報告したところ，Y社にX業務を委託することが承認され，無事に業務が開始された。X社はY社への業務委託によって業務の効率化を進めることができた。

設問1 〔US部が利用しているコールセンタ用サービスの概要〕について，(1)，(2) に答えよ。

(1) 本文中の　　a　　に入れる字句はどれか。解答群のうち，最も適切なものを選べ。

aに関する解答群

ア　DKIM　　　　　　　イ　DomainKeys　　　　ウ　HTTP over TLS
エ　IMAP over TLS　　オ　POP3 over TLS　　　カ　SMTP over TLS

(2) 本文中の下線①について，情報セキュリティ上のどのような効果が期待できるか。次の (ⅰ) ～ (ⅵ) のうち，期待できるものだけを全て挙げた組合せを，解答群の中から選べ。

(ⅰ)　NDBのDBMSの脆弱性を修正し，インターネットからの不正なアクセスによる情報漏えいのリスクを低減する効果

(ⅱ)　NDBを格納している記憶媒体が不正に持ち出された場合にX情報が読まれるリスクを低減する効果

(ⅲ)　N社の従業員がNDBに不正にアクセスすることによってX情報が漏えいするリスクを低減する効果

(ⅳ)　X情報へのアクセスが許可されたUS部の従業員がNDBを誤って操作することによってX情報を変更するリスクを低減する効果

(ⅴ)　攻撃者によってNDBに仕込まれたマルウェアを駆除する効果

(ⅵ)　攻撃者によってNDBに仕込まれたマルウェアを検知する効果

解答群

ア　(ⅰ)，(ⅱ)　　　　　イ　(ⅰ)，(ⅱ)，(ⅲ)　　　ウ　(ⅰ)，(ⅴ)
エ　(ⅱ)，(ⅲ)　　　　　オ　(ⅱ)，(ⅴ)　　　　　　カ　(ⅲ)，(ⅳ)
キ　(ⅲ)，(ⅵ)　　　　　ク　(ⅳ)，(ⅴ)　　　　　　ケ　(ⅳ)，(ⅴ)，(ⅵ)

設問2 本文中の　　b　　に入れる字句はどれか。解答群のうち，最も適切なものを選べ。

bに関する解答群

ア　X業務に従事しないY-CS部の従業員によるX情報の不正な持出しリスクを低減

イ　X業務に従事するY-CS部の従業員によるX情報の不正な持出しリスクをN社に移転

ウ　X業務に従事するY-CS部の従業員によるX情報の不正な持出しリスクを回避

エ　システム管理部の従業員によるX情報の不正な持出しリスクを回避

設問3　〔X社の情報セキュリティ要求事項と評価〕について，(1)～(4)に答えよ。

(1)　表4中の　　c　　に入れる字句はどれか。解答群のうち，最も適切なものを選べ。

cに関する解答群

ア　F課長

イ　T部長

ウ　X業務に従事するY-CS部の2名の一般従業員

エ　X業務に従事するY-CS部の2名の主任

オ　X業務に従事するY-CS部のパートタイマ

(2)　表4の中の　　d　　，　　e　　に入れる評価根拠として適切なものを，解答群の中から選べ。

d，eに関する解答群

ア　Y-CS部の従業員が3階の業務エリアに入室できる。

イ　Y-CS部のパートタイマが5階の業務エリアに入室できる。

ウ　営業部の従業員が3階の業務エリアに入室できる。

エ　システム管理部の従業員が5階の業務エリアに入室できる。

オ　退職者の一部が3階の業務エリアに入室できる。

カ　元Y-CS部の従業員が，他部門に異動した後も，3階の業務エリアに入室できる。

(3)　表4中の下線②は，どのような情報セキュリティリスクが残留していると考えた

ものか。次の（i）～（v）のうち，残留している情報セキュリティリスクだけを全て挙げた組合せを，解答群の中から選べ。

（i） X業務に従事する従業員が，攻撃者からのメールを複合機からのものと信じてメールの本文中にあるURLをクリックし，フィッシングサイトに誘導される。

（ii） X業務に従事する従業員が，攻撃者からのメールを複合機からのものと信じて添付ファイルを開き，マルウェア感染する。

（iii） X業務の中で，複合機から送信されるメールが攻撃者宛に送信される。

（iv） 攻撃者が，複合機から送信されるメールの本文及び添付ファイルを改ざんする。

（v） 攻撃者が，複合機から送信されるメールを盗聴する。

解答群

ア	（i），（ii）	イ	（i），（ii），（iii）	ウ	（i），（iii），（iv）
エ	（ii），（iii）	オ	（ii），（iii），（iv）	カ	（ii），（iv），（v）
キ	（iii），（iv）	ク	（iii），（iv），（v）	ケ	（iv），（v）

(4) 表4中の項番14について，Y社が追加の対策をとり，要求事項を満たすことによってどのような情報セキュリティリスクが低減できるか。次の（i）～（iv）のうち，適切なものだけを全て挙げた組合せを，解答群の中から選べ。

（i） Y-PC内のデータを外部記憶媒体に保存して持ち出される。

（ii） Y-PC内のデータを複合機でプリントして持ち出される。

（iii） Y社で許可していないアプリケーションソフトウェアが保存されているUSBメモリをY-PCに接続されて，Y-PCに当該ソフトウェアが導入される。

（iv） マルウェア付きのファイルが保存されているUSBメモリをY-PCに接続されて，Y-PCがマルウェア感染する。

解答群

ア	（i）	イ	（i），（ii），（iv）	ウ	（i），（iii）
エ	（i），（iv）	オ	（ii）	カ	（ii），（iii）
キ	（ii），（iii），（iv）	ク	（iii）	ケ	（iii），（iv）
コ	（iv）				

設問4　〔評価結果に対する対応案の検討〕について，(1)，(2)に答えよ。

(1)　本文中の下線③について，表4中の項番5の要求事項への有効な対応案はどれか。解答群のうち，最も有効なものを選べ。

解答群

　　ア　Nサービスのアクセス制御の設定機能でX社及びY社以外からのアクセスを禁止する。

　　イ　Nサービスの監査ログを監視し，3階の業務エリア以外からのアクセスを検知する。

　　ウ　Nサービスの顧客情報の操作権限の設定機能で，X情報の閲覧だけ許可する。

　　エ　VPNサーバのVPN制御機能を使用して，ノートPCからNサービスへのアクセスを禁止する。

　　オ　Y-CS部の管理職は，Nサービスへのアクセスを禁止する。

　　カ　プロキシサーバのプロキシ制御機能を使用して，Nサービスへのアクセスを禁止する。

(2)　本文中の下線③について，表4中の項番18の要求事項への有効な対応案としてどのようなものがあるか。次の（i）～（v）のうち，有効なものだけを全て挙げた組合せを，解答群の中から選べ。

（i）　Nサービスにログインできる従業員のデスクトップPCからWebブラウザを削除し，導入が必要な場合にだけ，システム管理部に申請する。

（ii）　Nサービスにログインできる従業員は，デスクトップPCは使用せずに，ノートPCだけを使用してX業務を実施する。

（iii）　Nサービスにログインできる従業員を対象に，プロキシサーバの利用者認証機能を使用し，プロキシログを監視する旨を通知する。

（iv）　デスクトップPCからはNサービスだけにアクセスすることを社内ルールに明記し，Nサービスにログインできる従業員を対象に，通知する。

（v）　プロキシサーバのプロキシ制御機能を使用して，Nサービス以外へのアクセスを禁止する。

📝 設問1

（1）これは挨拶みたいな設問です。

　　US部では，X業務を遂行するためにクラウドサービスプロバイダN社のSaaSのコール
センタ用サービス（以下，Nサービスという）を利用している。NサービスはISMS認証及
びISMSクラウドセキュリティ認証を取得している。Nサービスには，会社から貸与され
たPCのWebブラウザから，暗号化された通信プロトコルである　　 a 　　を使ってアク
セスする。Nサービスは，図1の基本機能及びセキュリティ機能を提供している。

　　空欄aの補充問題ですが、

・ブラウザからのアクセスで利用する
・暗号化された通信プロトコル

……であることから、HTTP over TLSであることが確定します。他の選択肢はす
べてメールに関するプロトコルですから除外可能です。

正解：ウ

（2）下線①について問われています。

　　……①X情報は，US部の従業員に貸与しているPCにだけ格納した暗号鍵を用いて，US
部の従業員が復号できる仕組みになっている。PCへのログインには利用者IDとパスワー
ドが必要である。

これによって、どんな効果が得られるかです。

ひねった表現になっていますけど、X情報は暗号化されていて、US部の従業員しか復号できないってことですよね。

　はい、そう考えると、(i)は消えますね。DBMSの脆弱性は暗号化で修正できるはずがありません。また、「情報漏えい」という言葉をどう捉えるかにもよりますが、漏えい自体は暗号化では防げません。「漏れちゃったけど、復号鍵がないから読めない」状態を作り出すのが暗号化です。

　ここはポイントですので、注意しましょう。もっとも、上記のような意味で「暗号化によって漏えいを防いだ」と言うこともあるので、文脈をよく捉える必要があります。

　(ii)はまさにいま検討したやつですね、この効果があります。
　(iii)も効果があります。N社の従業員であっても、正当な権利を持っているUS部の従業員しかアクセスできないので、不正アクセスの抑止効果があります。
　とはいうものの、ここは深掘り可能です。「US部の従業員に貸与しているPC」とありますから、どんなふうに貸与しているかによってはここが脆弱性になるでしょう。
　(iv)には効果がありません。正当な権限を持つ利用者が誤った操作で情報を変更してしまう事故は、暗号化では防げません。
　(v)、(vi)はマルウェアの発見と対処なので、ここもやはり暗号化とは関係がありません。

正解：エ

📝 設問2
　空欄補充問題です。案1と案2を比較させたいんですね。

表3　Y社がX業務に利用するシステム又はサービス

案	X業務に利用するシステム又はサービス	アクセスできる従業員
案1	Yシステム	・Y-CS部の主任のうち2名，一般従業員のうち2名，パートタイマのうち4名がYシステムにアクセスできる。

（次ページへ続く）

案2	Nサービス	・Y-CS部の主任のうち2名，一般従業員のうち2名，パートタイマのうち4名がNサービスにアクセスできる。 ・主任2名は，Nサービスの監査ログからX業務での操作履歴を確認できる。

〔X社委員会における案1及び案2の検討〕

　X社委員会は，案2では，案1のもつ｜　　b　　｜できるので，案2の採否について議論した。X社委員会では，業務委託後の残留リスクを受容できると判断できた場合は，Y社に委託することにした。そこで，CISOは，業務委託に関わる範囲を対象としてY社の情報セキュリティ対策を確認し，X社委員会に報告するようS部長に指示した。

　こういうのってよく、「国語の問題」っていって批判されてませんか？

　「国語の問題」自体は悪くないですよ。ドキュメントから要件を正確に抽出したり、複数の案を比較したりという能力は実務で必要ですから。エンジニアの、特に上位エンジニアの仕事は7割文書業務って言いますし。

　ただ、まれに見られる「本当に技術や業務とは何の関係もなさそうな、単なる文章読解の問題みたいなやつ」は、受験者に違和感をもたれても仕方がないでしょうね。

　では、ちょっと比べてみましょうか。

案1　Yサービスを使う

　Y-CS部の主任のうち2名、一般従業員のうち2名、パートタイマのうち4名がアクセスできる。

案2　Nサービスを使う

　Y-CS部の主任のうち2名、一般従業員のうち2名、パートタイマのうち4名がアクセスできる。
　主任2名は、Nサービスの監査ログからX業務での操作履歴を確認できる。

　登場人物（？）はX社とY社です。この2社が提携するので、どうシステムを組むかが問われています。

　YサービスはY社が構築したコールセンタシステムです。NサービスはN社が提供しているクラウドのコールセンタサービスで、ISMS認証も取得しています。それをX社が採用しているわけです。

X社が口出ししなければ、Y社は案1を採用するとあります。そりゃそうですよね、自社システムですから。しかし、上記を見比べるだけでも、なんだかN社のほうがよさそうです。

　さらに案2では、「主任2名は、Nサービスの監査ログからX業務での操作履歴を確認でき」ますから、セキュリティ面では案2に軍配が上がります。これを踏まえて選択肢を検討していきましょう。

　アはありません。X業務に従事しないY-CS部の従業員はアクセス権を持っていませんし、流動性の高いパートタイマ（この辺が危険だぞ、と思わせたい表現が散見されます）などから不正に情報を得る可能性は案1、案2で変わりません。

　イ、ウもないです。案2ではリスクは移転されても、回避されてもいません。

　エが正解です。YシステムはY社の独自システムですから、Y社が大きな権限を持っています。これ（表1の一部）をご覧ください。

システム管理部	・Yシステム，Y社内に導入している入退管理システムなどのシステムの企画，開発，運用 ・情報セキュリティに関わる企画，開発，運用 ・Yシステムのデータベースの管理，障害対応及び機能改修[1]	部長：1名 F課長 主任：2名 一般従業員：8名 パートタイマ：0名

　当たり前の話ではありますが、Y社のシステム管理部はYシステムに触ることができます。したがって、案1ではシステム管理部の従業員が不正な持ち出しを行うリスクは存在します。案2では第三者が提供するクラウドサービスを使うことで、これを回避しています。

　もちろん、深読みするならば、Y-CS部のアクセスを許可された従業員であれば不正持ち出しはできてしまうので、そのリスクにも対処する必要があります。ただ、選択肢エは「システム管理部の従業員によるX情報の不正な持出し」と限定をかけているので、正解として成立するわけです。

正解：エ

📝 設問3
（1）前問で検討した案2でいくことにしたようです。

　ですが、残留リスクがあるので、それが受容水準内に収まるかどうかを検討するのが、この設問3です。流れるようなシナリオ問題になっています。

表4 X要求事項に対するY社の対策の評価結果と評価根拠（抜粋）

項番	要求事項	評価結果	評価根拠
5	X業務でNサービスへのアクセスが可能な業務エリアはY-CS部の業務エリアだけに限定すること	NG	・現状のままでは，Y社でNサービスにアクセスできるようになったら， c が，3階以外からNサービスにアクセスできてしまう。 ・（省略）
8	X業務を実施する業務エリアへの入室は，入室権限が与えられている従業員だけに制限すること	NG	入室権限に，次の2点の不備がある。 ・ d ・ e
12	（省略）	NG	・②複合機が初期設定のままになっている。
13	X業務には，Y社貸与のPCを使用すること	OK	（省略）
14	X業務で使用するPCでは，外部記憶媒体へのアクセスを禁止すること	NG	・Y-PCで実装している技術的な制限では，外部記憶媒体のデータの読込みが可能となっている。
18	インターネット上のWebサイトへのX情報の持出しをけん制する対策があること	NG	（省略）

（1）は空欄cの検討です。

> Y-CS部は3階で仕事してるので、
> 3階以外からはアクセスして欲しくないわけですね。

　そうです。証拠になる記述があちこちに散らばっている上、あまり意味のない記述がまぶしてあるので探しにくいですが、推理小説でよくある書き方ですね。

> 露骨に証拠が置いてあったら興醒めですもんね。

　重要なのは、このあたりです。

　管理職にはデスクトップPC及びノートPCが，その他の従業員にはデスクトップPCが貸与されている。ノートPCは，社内会議での資料のプロジェクタによる投影，在宅での資料作成などに利用する。Y社が貸与しているPC（以下，Y-PCという）の仕様及び利用

状況を表2に示す。

表2　Y-PCの仕様及び利用状況

PCの種類	仕様及び利用状況
デスクトッ プPC	1　セキュリティケーブルを使用して机に固定しており，鍵はシステム管理部が保管している。 2　社内の有線LANだけに接続できる。 3　インターネットには，DMZ上のプロキシサーバを経由してアクセスする。
ノートPC	1　社内外の無線LANに接続できる。有線LANには接続できない。 2　社外又は社内からインターネットにアクセスする場合，まずVPNサーバに接続し，自らの利用者アカウントを用いてログインする。その後，DMZ上のプロキシサーバを経由してアクセスする。 3　盗難防止のために，離席時はセキュリティケーブルを使用する。

（以下略）

デスクトップPCは机に固定されているので3階から動かせませんが、ノートPCは動かせちゃいます。で、このノートPCは管理職に与えられています。

権限のある人リストに「Y-CS部の主任のうち2名」が載ってるから、この人たちはノートPCを使って3階以外からアクセスできちゃうと。

はい、このくらいまで条件を詰めれば選択肢から正解を探し始めちゃっていいですけど、慎重を期すならこの辺の記述を発見していると安心です。

Y-CS部の管理職及び一般従業員は，5階の会議室で営業部の従業員と会議をすることが多いので，3階及び5階への入室権限が与えられている。

正解：エ

（2）は空欄d、eの検討です。入室権限に不備があることが指摘されています。これまでに考えてきたことを踏まえて、選択肢を検討していきましょう。

ア　Y-CS部の常駐フロアであって、そもそもここで業務を行うべきなので問題ないです。
イ　パートタイマは5階に入れたとしても、ノートPCを持って行けません。したがって、X業務を5階で行うことはできないので、問題ありません。
ウ　営業部の人が3階に入っていいかどうかは書いてありません。保留にしておきましょう。

エ　システム管理部が5階に入っていいかどうかは記述がありません。しかし、5階はもともとX業務を行うフロアではなく、システム管理部の人が5階からNサービスにアクセスすることもできません。

オ　退職者に関する記述が、本文にぱらぱらと登場していました。この設問に答えさせるためですね。

・システム管理部は，4月及び10月の1日に各業務エリアの暗証番号を更新する。暗証番号は，各業務エリアの入室権限を与えた従業員だけに事前に通知する。(図2に記載)

Y-CS部のパートタイマは，1年間で約2割が退職する。人事総務部は，欠員補充のために，ほぼ同数を新規に採用している。(〔Y社の概要〕に記載)

これらの条件を重ねると、退職者に対する入退室管理を適切に行えず、退職者が3階に入室する可能性があると考えられます。4月1日、10月1日にしか暗証番号の更新をしていないのが致命傷です。

カ　これもオと同様の考え方で導きます。〔Y社の概要〕に次のように記されています。

Y社は，従業員を対象に，原則4月及び10月の1日に社内の定期人事異動がある。また，これらの時期以外でも組織再編，業務の見直しなどの理由で人事異動がある。

定期人事異動と暗証番号の更新日は重なっており、好意的に捉えれば、ここは連動しているんだろうと考えることもできます。しかし、「これらの時期以外でも組織再編、業務の見直しなどの理由で人事異動がある」ので、このタイミングでも暗証番号の更新をしないと「他部門に異動した後も，3階の業務エリアに入室できる」状態になります。

ウは他の選択肢に比べるとちょっと根拠が弱く、オ、カが強い正解なので、迷わず切り捨てましょう。

正解：　オ、カ（d、eは順不同）

(3) では表4中の下線②、複合機が話題になっています。

セキュリティの盲点になっているって、よく聞きます。

　そもそも複合機とか情報家電って、攻撃の対象になるとは思われてなかったですから。PCなどに比べると対策が後手に回りました。

　いまはだいぶ改善されましたが、古い機種などでは、「初心者でも使えること、つながること」を最優先した結果、安全ではない初期設定になっていることもあります。

　問題文の〔Y社の情報セキュリティ対策〕に記された条件と、設問の選択肢を見比べながら検討しましょう。

> 　3～5階には，複合機が2台ずつ設置されており，コピー，プリント，スキャンの機能が使用できる。Y-CS部はスキャンの機能を使用して，新聞，雑誌などに紹介された委託元の製品やサービスに関する記事をPDF化し，委託元に報告している。スキャンしたPDFファイルは電子メール（以下，電子メールをメールという）にパスワードなしで添付されて，スキャンを実行した本人だけに送信される。PDFファイルの容量が大きい場合は，PDFファイルを添付する代わりにプリントサーバ内の共用フォルダに自動的に保存され，保存先のURLがメールの本文に記載されて送信される。その際，メールの送信者名，件名，本文及び添付ファイル名の命名規則などは，複合機の初期設定のまま使用している。そのため，誰がスキャンを実行しても，メールの送信者名などは同じになる。複合機のマニュアルはインターネットに掲載されている。

(i)　「メールの送信者名、件名、本文及び添付ファイル名の命名規則などは、複合機の初期設定のまま使用している。そのため、誰がスキャンを実行しても、メールの送信者名などは同じになる。複合機のマニュアルはインターネットに掲載されている」とありますので、リスクがてんこ盛りです。誰でも攻撃メールを送信できる余地があります。

(ii)　(i)とも関連しますが、メールの送信者名などは一緒ですし、それもマニュアルによって全世界に公開されています。添付ファイルを扱うこともできると明言されているので、このリスクは存在します。

(iii)　「スキャンを実行した本人だけに送信される」とあるので、これはないです。

(iv)　ファイルは「パスワードなしで添付されて～」といった記述があるので一見できそうです。しかし、このメールは外部に送信されるわけではないのでY社のネットワークに侵入しないと実行不能です。それができるかどうかは、複合機のリスクとは別物です。

(ⅴ) (ⅳ)と同様に、暗号化などの措置がとられていないので盗聴可能な印象を受けるのですが、Y社のネットワークにアクセスできることが前提になります。

正解：　ア

（4）では表4中の項番14について問われました。この部分です。

14	X業務で使用するPCでは，外部記憶媒体へのアクセスを禁止すること	NG	・Y-PCで実装している技術的な制限では，外部記憶媒体のデータの読込みが可能となっている。

アクセスを禁止しないといけないのに、読込み可能になってるとクレームがついていますね。

共通	1　次の二つの制御が実装されている。 ・USBメモリなどの外部記憶媒体は，データの読込みだけを許可する。 ・アプリケーションソフトウェアは，Y社が許可しているものだけを導入できる。 2　業務上，外部記憶媒体へのデータの書出しが必要な場合及びアプリケーションソフトウェアの追加導入が必要な場合は，Y社内のルールに従って，システム管理部に申請する。 3　業務で使用するWebブラウザ及びメールクライアントが導入されている。 4　マルウェア対策ソフトが導入されており，1日に1回，ベンダのサーバに自動的にアクセスし，マルウェア定義ファイルをダウンロードして更新する。 5　表示された画面を画像形式のデータとして保存できる。

確かにUSBにメモリに対して、データの読込みを許可しているとの記述が表2にあります。書出しはシステム管理部に申請するんですね。この、「読込みが可能になっている」のがよくないというわけです。それで、禁止すると＝読込み不可にするとどんなリスクが減るのかと聞かれています。

(ⅰ)　読込みが可能か不可能の話をしているので、関係ありません。
(ⅱ)　リスクとしては嫌なんですけど、「外部記憶媒体のデータの読込み」が主題ですから、関係がありません。
(ⅲ)　Y-PCの仕様に、「アプリケーションソフトウェアは、Y社が許可しているものだけを導入できる」と書かれているので、データの読み込みの可／不可にかかわらずリスクが低減されています。
(ⅳ)　これが正解です。読込み可にしておくと、このリスクがあります。

第**6**章
サンプル問題・過去問に挑戦！

正解：　コ

■ 設問4

（1）いろいろ条件を出してきましたね。
下線③と項番5を見てみましょうか。

〔評価結果に対する対応案の検討〕

　後日，G課長はT部長とF課長に，Y社と業務委託契約をしたいと伝え，その前提として，評価結果が"NG"の要求事項への対応を依頼した。Y社はG課長に③対応案を伝えた。G課長はH主任と相談の上，対応案をS部長に報告した。

表4　X要求事項に対するY社の対策の評価結果と評価根拠（抜粋）

5	X業務でNサービスへのアクセスが可能な業務エリアはY-CS部の業務エリアだけに限定すること	NG	・現状のままでは，Y社でNサービスにアクセスできるようになったら，　　c　　が，3階以外からNサービスにアクセスできてしまう。 ・（省略）

　めんどうな言い方をしていますけど、項番5でNGだと指摘されてるから、選択肢のなかからいい感じの対応策を選べやってことですね。

> さっきもそんなのありましたね。

　おっかない言い回しでまず相手を萎縮させて自分のペースに持ち込むのは、出題者や役所の常套手段だから大丈夫です。臆せず行きましょう。大事なのは自信を持つことです。だいたいこれ、さっきやったやつじゃないですか。

> 空欄cで検討しました。

　なんか3階にこだわってるんですよね。で、管理職は5階からアクセスできちゃうので、何とかしたいと。対応策が6つあがっています。

ア　5階って、Y社に含まれてます。
イ　禁止したいので、検知だけじゃダメなんです。

ウ　閲覧もダメなんですってば。

エ　管理職はノートPCが使える→管理職は（一般従業員も）5階に入れる→ノートPCは5階に持ち出せる→管理職は5階からアクセスできちゃう！　が問題なのでした。ノートPCからアクセス不能にしてしまえば、この問題を一挙に解決できます。「管理職、仕事できなくなっちゃわない？」と思いますが、奴らはデスクトップPCも使えます。

オ　仕事できないです。

カ　同じくです。

正解：　エ

（2）は同じパターンの出題です。下線③は先ほどと同じで、対策しろって書いてあるだけで、よくある雑な上司の指示と一緒ですから、表4の項番18だけ確認してみましょう。

18	インターネット上のWebサイトへのX情報の持出しをけん制する対策があること	NG	（省略）

これまでにもいろいろ対策してきましたが、リスクをゼロにはできません。極端な話、権限のある人がクビを覚悟で暴れ始めたら、どんなセキュリティ装置も突破されてしまいます。ここでは、そこまでの覚悟がない人をいかに「牽制」できるかが問われています。ちょっと不穏な気分になったときに、思いとどまらせるようなしかけが必要です。

(i)　ブラウザを使って仕事をしてると書かれていたので、業務ができなくなってしまいます。

(ii)　ノートPCを使うと5階に行けちゃうという話をさんざしてきたので、これはNG。

(iii)　プロキシサーバの機能が、このように列記されていました。ご丁寧にいまは使っていない旨の注意書きつきです。これを使ってやればいいでしょう。

　プロキシサーバには次の機能があるが，現在は使用していない。

　・指定されたURLへのアクセスを許可又は禁止する機能（以下，プロキシ制御機能という）

　・利用者ID及びパスワードによる認証機能（以下，利用者認証機能という）

プロキシサーバのログ（以下，プロキシログという）はログサーバに転送され，3か月間保存される。プロキシログは，ネットワーク障害，不審な通信などの原因を調査する場合に利用する。プロキシログには，アクセス日時及びアクセス先IPアドレスが記録されるが，利用者認証機能を使用すると，Webサイトにアクセスした従業員の利用者IDも記録される。

・認証機能があり、ログが残る。
・ログにはWebサイトにアクセスした従業員の利用者IDも記録される。

　牽制としては十分です。

(iv)　デスクトップPCを使う人は、他の仕事ができなくなってしまいます。
(v)　Y社では、他の仕事ができなくなってしまいます。

正解：カ

■ 解答まとめ
設問1（1）a ウ（2）エ
設問2 b エ
設問3（1）c エ（2）d オ e カ（d、eは順不同）（3）ア（4）コ
設問4（1）エ（2）カ

補講

本章で扱うトピックは、シラバスでは「サービスマネジメント」などに含まれる項目ですが、セキュリティと深く関連するため、補講として取り上げました。

事業継続計画（BCP）

一晩寝たら復旧できる時期がありました

備えておきたいBCP

事業継続計画（BCP） は緊急事態に際して、いかに仕事を止めないか、その対応方法を示した文書です。最近、よく作られるようになりました。

> 緊急事態が起きたときくらい、ゆっくり休みましょうよ。

「日本中お休みみたいだから、うちも休もう」って、以前ならそれでも回ったんですけどね。経済がグローバル化しているので、日本で災害が起きても世界はふつうに日常を生きていますよ。それで競争に負けちゃうんです。

> 世知辛いですねえ。

実際、どのくらいで復旧できるかで倒産リスクが変わるんです。ですので、事故や災害が起こるたびに注目されています。

◢ BCP実践モデル

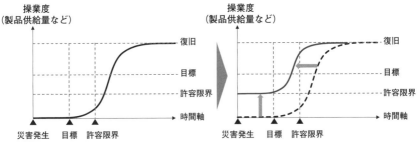

内閣府 『事業継続ガイドライン[第三版]』をもとに筆者作成
https://www.bousai.go.jp/kyoiku/kigyou/pdf/guideline03.pdf

この図は内閣府が示しているモデルをもとにしています。事故や災害からは逃れられませんから、仕事を止めるなといった無茶なことを言っているわけではない点に注意してください。

　何にもしなければ元に戻るまでこれだけかかってしまうけど、事業継続計画を立てておいたからだいぶ早く復旧できたでしょ、という状態を作るわけです。

　また、いきなり100％を目指さないことも覚えておいてください。無理なんですね。そのかわり、「ここまでなら災害時はしかたがないか」という許容限界を定めておいて、災害直後から許容限界ぶんのパフォーマンスは発揮できるようにしておきます。そして、速やかに災害時の目標値まで復旧し、時間をかけて100％に戻していきます。

　戻していく、って具体的にどうするんですか？

　具体的な施策はさまざまですが、**事業継続管理（BCM）** をしますね。マネジメントシステムです。

　またマネジメントシステムですか!?

　近年の経営はマネジメントシステムを作って、くるくるPDCAサイクルを回すのが好きなんですよ。実際、効果がありますし。企業経営にはいろんな分野のマネジメントシステムが必要で、それを統合して会社を運営していくわけです。

　事業継続計画に関する指標として、**RTO（Recovery Time Objective：目標復旧時間）** と **RPO（Recovery Point Objective：目標復旧地点）** を覚えておきましょう。

　たとえば、RTOが48時間、RPOが2時間ならば、事故発生後48時間以内に、事故発生の2時間前の状態に復旧させることを意味します。

これ、当然RTOもRPOもゼロがいいわけですよね？

　災害などが起こったらすぐに、災害が起きた瞬間の状態に復旧させるわけですね。もちろん、それが理想ですが、そもそも不可能だったり、際限なくコストがかかるため、目標にはしないです。

　事業継続計画には実現性と費用対効果が大事です。理念としてのリスクゼロ、損失ゼロは美しいのですが、現実の目標にしてはいけません。

・業務が中断することによるコスト
・対策をすることによるコスト
・許容できる中断時間、中断範囲

これらを勘案して、組織として受容できる事業継続計画を立案・実行します。

インシデント管理

> 「インシデント」って主人公ロボっぽい響きです

インシデント管理の基本

　インシデント管理は、インシデントが発生したときに素早く復旧させるためのものです。

　インシデントを記録し、優先順位をつけ、管理者にエスカレーションしつつ解決します。重大なインシデントは必ずトップの耳に入れ、部署ごとの責任を明確にし、改善の機会を作ります。

> イメージとしては問題管理も同じように思うんですが。

　問題管理は、インシデントが生じた根本原因を究明して、抜本的な再発防止策を講じることなんです。すごく重要なプロセスなんですけど、何せ時間がかかりますから、まさにインシデントが発生しているときにすぐやることではないです。

　順番としては、

```
┌─────────────────┐
│ インシデント管理 │
└─────────────────┘
        ▼
┌─────────────────┐
│ 取りあえず解決   │
└─────────────────┘
        ▼
┌─────────────────┐
│ 問題管理         │
└─────────────────┘
        ▼
┌─────────────────┐
│ 根本的な解決     │
└─────────────────┘
```

　……だと考えてください。

索　引

■ 著者プロフィール

岡嶋 裕史（おかじま・ゆうし）
　1972年東京都生まれ。中央大学大学院総合政策研究科博士後期課程修了。博士（総合政策）。富士総合研究所、関東学院大学経済学部准教授、関東学院大学情報科学センター所長を経て、現在、中央大学国際情報学部教授／政策文化総合研究所所長。基本情報技術者試験午前試験免除制度免除対象講座管理責任者、情報処理安全確保支援士試験免除制度学科等責任者。『Web3とは何か』『メタバースとは何か』（以上、光文社新書）、『思考からの逃走』『いまさら聞けないITの常識』『実況！ビジネス力養成講義 プログラミング／システム』（以上、日本経済新聞出版）、『ブロックチェーン』『5G』（以上、講談社ブルーバックス）、『情報処理安全確保支援士合格教本』シリーズ、『ネットワークスペシャリスト合格教本』シリーズ（以上、技術評論社）など著作多数。

■ 特別協力

　気谷 聖子、小野澤 智也、丸田 直人、菊地 紗々、小林 誠和、
　廣島 和花奈、内田 杏実

うかる！基本情報技術者 ［科目B・セキュリティ編］ 2024年版

2024年1月18日　　1刷

著　者	岡嶋 裕史
	© Yushi Okajima, 2024
発行者	國分正哉
発　行	株式会社日経BP
	日本経済新聞出版
発　売	株式会社日経BPマーケティング
	〒105-8308　東京都港区虎ノ門4-3-12
装　丁	斉藤 よしのぶ
イラスト	Ixy
ＤＴＰ	朝日メディアインターナショナル
印刷・製本	三松堂

ISBN978-4-296-11954-7